께!

잃어버린 단위로 크기를 구하라!

잃어버린 단위로 크기를 구하라!

글 장혜원·김민회 | 그림 이지후

(주)자음과모음

차례

여러분과 가장 잘 통하는 사람은 누구인가요? 엄마? 아빠? 아니면 짝꿍인가요?

누구든지 자기랑 잘 통하는 사람이 주변에 있기 마련이고, 그런 사람이 많을수록 생활이 즐겁고 행복해지죠. 통하는 사람끼리는 닮은 점이 있다고 생각해요. 특히 마음의 모양이 닮았고, 마음에서 나오는 생각도 닮아 여러 가지 면에서 통하는 점이 많은 것 아닐까요?

수학과 과학은 어떨까요?

수학과 과학은 사실 다른 점이 많아요. 예를 들어 과학에서는 손으로 이런저런 도구와 약품을 다루며, 실험을 하면서 그 결과를 예측하고 확인하는 연구를 해요. 하지만 수학에서는 주로 머릿속에서

추상적으로 하는 사고 실험을 해요. 그리고 과학에서는 눈으로 보아 확인할 수 있는 것이 많지만, 수학에서는 눈으로 보는 것에만 의존해서는 오류에 빠지기 쉽지요. 또 한 가지 경우가 맞다고 해서 항상 그럴 거라고 믿어서도 안 되고요.

이렇게 서로 달라 보이는 수학과 과학이지만 둘 사이에는 틀림없이 통하는 점이 있어요. 우리는 이 책에서 수학과 과학이 통한다는 사실을 여러 가지 크기를 재기 위해 필요한 '단위'를 중심으로 확인해 보려고 해요.

이 책은 통하고 싶지만 통할 시간 없이 바쁜 아빠와 엄마, 그리고 통할 수 없을 만큼 무서운 할아버지를 둔 해듬이의 이야기랍니다.

해듬이는 우연히 낡은 무전기로부터 낯선 목소리를 듣게 되지요. 그리고 여러 가지 단위와 관계된 흥미진진한 사건들이 일어납니다. 그때마다 해듬이는 마법 종이에 적힌 문제들을 풀어야 하는데요. 여러분도 그 문제를 함께 풀다 보면 해듬이와 통하게 될 거예요.

이 책을 읽으면서 마음이 통한다는 것의 의미를, 그리고 수학과 과학이 통한다는 사실을 여러분이 직접 느껴 볼 수 있기를 바랍니다.

장혜원, 김민희

등장인물

해듬이

호기심 많고 남을 잘 돕는 착한 마음씨를 갖고 있지만, 늘 바쁜 아빠와 엄마 때문에 외로운 남자아이. 초등학교 마지막 여름방학 역시 부모님과 떨어져 시골 할아버지 댁에서 보내게 된다. 해듬이는 얼떨결에 할아버지의 낡은 무전기를 손에 넣게 되고, 무전기를 통해 의문의 메시지를 받게 된다.

오필이

까무잡잡한 피부에 촌스러운 단발머리 소녀. 왈가닥에 거침없는 성격으로 종종 해듬이를 곤경에 빠트린다. 하지만 마음만은 그 누구보다 따뜻한 아이이다.

클리욘

위니테 별의 왕자. 우주 마녀로 인해 혼란에 빠진 위니테 별을 구하기 위해 해듬이에게 도움을 요청한다.

할아버지

얼굴과 팔에 흉측한 화상 흉터가 있는 해듬이의 할아버지. 예민하고 까칠한 성격으로 자신의 손자에게조차 다정한 말 한마디 건네는 법이 없다. 20여 년 전 사고가 일어난 후, 다니던 연구소를 그만두고 시골에 내려와 실험실에 틀어박혀 지낸다.

할머니

할아버지와 달리 해듬이에게 항상 따뜻하고 자상한 해듬이의 할머니. 해듬이가 어려워하는 할아버지와 잘 지낼 수 있도록 중간에서 어려모로 도와준다. 해듬이에게 할아버지 실험실로 점심식사를 나르는 일을 부탁한다.

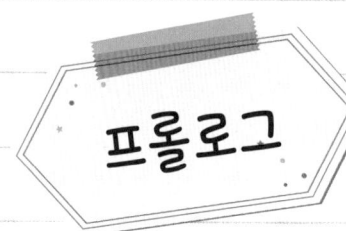

여름방학의 시작

"놀이동산 가는 건 어때요? 아님, 수영장이나 바다는요?"

해듬이는 여름방학이 다가오자 여러 가지 기대에 잔뜩 들떠 있었다. 늘 바쁜 탓에 해듬이와 많은 시간을 보내지 못했던 아빠, 엄마가 이번 여름방학만큼은 특별한 무언가를 남기자고 약속했기 때문이다.

"아! 캠핑도 꼭 한번 해요! 동균이가 지난번에 다녀와서 얼마나 자랑을 하던지……."

해듬이는 한껏 꿈에 부풀어 아빠, 엄마에게 떠들어 댔다.

"해듬아. 어쩌지? 이번 여름방학은 너와 정말 특별한 시간을 보내려고 했는데……."

엄마가 미안한 얼굴로 해듬이를 바라보았다.

유능한 로봇 과학자인 아빠와 엄마. 해듬이는 아빠와 엄마가 자랑스럽지만, 늘 이런 식으로 혼자서 시간을 보내는 일이 많았다.

"정말 너무해요. 초등학교 마지막 여름방학이라고 특별한 무언가를 해보자고 약속하셨잖아요."

"정말 미안해. 대신 시골 할아버지 댁에서 즐겁게 보내고 오렴. 해듬이가 간다고 하면 할아버지, 할머니도 좋아하실 거야."

아빠가 해듬이의 어깨를 토닥이며 위로했다.

해듬이는 대답도 없이 방문을 쾅 닫고 자기 방으로 들어가 버렸다. 단지 다른 친구들처럼 가족과 함께 시간을 보내고 싶은 것뿐인데, 부모님이 자신의 마음을 몰라주는 것 같아 야속했다. PC방도 영화관도 없는 시골에서의 방학이라니……. 상상만 해도 무료했다. 게다가 할아버지는 해듬이가 가장 무서워하는 사람이 아닌가!

원망스러운 마음으로 하루하루가 지나가는 사이 여름방학이 시작되었다.

햇살이 쨍쨍, 무더운 날씨. 시골 할아버지 댁에 도착해 한 달 동안 쓸 짐을 차에서 내리는 해듬이의 마음은 여전히 우울했다. 그런 해듬이의 마음을 아는지 모르는지 매미 울음소리가 울창한 숲 속의 빈 공간을 메웠다.

"아유, 우리 해듬이 왔구나. 얼마나 컸는지 할머니가 한번 안아보자!"

할머니가 두 팔을 벌려 해듬이를 와락 껴안았다.

"어머님, 그동안 잘 지내셨어요?"

아빠, 엄마가 할머니와 안부를 주고받는 동안 마당에 널브러져 있는 짐 더미가 해듬이의 눈에 들어왔다.

"할머니, 이게 다 뭐예요?"

해듬이의 물음에 할머니가 땀을 닦으며 말했다.

"이번에 할아버지가 저기 언덕 너머에 있는 창고를 실험실로 쓰기로 하셨어. 그래서 지하실에 있던 짐들을 옮기던 중이었단다."

그때 아빠가 짐 더미 속에서 조금 이상하게 생긴 물건을 집어 들며 말했다.

"이야, 아버지가 여름이면 사용하시던 '카세트-선풍기'도 있네요."

"그래, 선풍기가 귀하던 시절 ★ 카세트테이프에 작은 날개를 달아 음악을 들으면서 바람을 쏘일 수 있는 물건이었지. 너희 아버지가 옛날에는 이런 재미있는 물건을 참 많이 만드셨어."

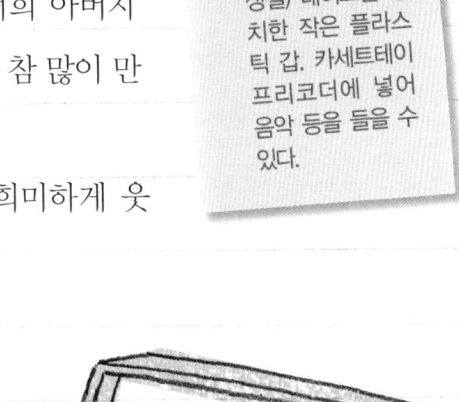

★ 카세트테이프

소리를 기록할 수 있는 자기(자석의 성질) 테이프를 장치한 작은 플라스틱 갑. 카세트테이프리코더에 넣어 음악 등을 들을 수 있다.

할머니가 추억에 잠긴 얼굴로 희미하게 웃었다.

'할아버지가 만드신 물건이라고?'

해듬이는 무서운 할아버지가 카세트-선풍기처럼 익살스러운 물건을 만들었다니 믿기지 않았지만 왠지 모르게 마음이 끌렸다.

"할머니, 저 이거 가져도 돼요?"

할머니가 미소를 띠며 말했다.

"음……, 글쎄. 일단 할아버지께 여쭈어 봐야 하지 않을까?"

'할아버지라면 화를 내시며 안 된다고 하실 게 분명해.'

해듬이는 아쉽지만 카세트-선풍기를 포기하기로 했다. 마당에는 카세트-선풍기처럼 이상하게 생겼거나 그 용도가 희한할 것 같은 물건들이 많았다.

"어머님, 짐 정리하는 건 저희가 도와드릴 테니 우선 시원한 수박이나 같이 드세요."

엄마가 쟁반에 수박을 가득 담아 오며 말했다.

"그럼 그럴까?"

대청마루로 이동하는데 해듬이의 발에 무언가가 챘다.

'어, 이게 뭐지?'

발에 챈 물건은 투박한 리모컨처럼 생긴 물체였다. 해듬이는 이것 역시 할아버지의 독특한 발명품일 것이라 생각했다.

'기회는 이때야!'

모두들 대청마루로 향하는 사이, 해듬이는 재빨리 그 물건을 주머니에 집어넣었다. 해듬이는 왠지 모를 뿌듯함에 어깨가 으쓱했다.

잃어버린 단위로 크기를 구하라!

저녁 식사 시간에 온 가족이 식탁에 모였다. 아빠는 할아버지께 인사를 하라는 표시로 해듬이에게 눈을 찡긋했다.

"할아버지. 안녕하세요. 저 왔어요."

해듬이가 쭈뼛쭈뼛 인사했다.

"오냐."

하지만 할아버지는 해듬이의 인사만 짧게 받고 수저를 들었다. 한여름에도 팔을 덮고 있는 긴 팔 셔츠 아래, 살갗이 벗겨진 할아버지의 오른손이 보였다. 할아버지의 얼굴에 있는 화상 흉터 역시 끔찍하다. 이런 이유로 해듬이가 어렸을 때는 할아버지가 괴물이 아닐까 생각한 적도 있었다.

"아버님, 오랜만에 개인 실험실 갖게 되신 것 축하드려요."

엄마가 할아버지에게 살갑게 축하 인사를 건넸다.

"마당에 있던 내 짐들은 모두 실험실로 잘 옮겨 두었지?"

엄마의 인사말에 대꾸도 없이 할아버지는 짐에 대해서만 물었다.

'이크, 할아버지 물건을 주머니에 넣는 걸 누가 본 건 아니겠지?'

해듬이는 갑자기 가슴이 쿵쾅쿵쾅 뛰기 시작했다.

"아무렴요. 당신 것에 누가 손을 댔겠어요."

할머니가 얼른 대답했다.

해듬이는 한 손으로는 수저를, 다른 한 손으로는 주머니에 있는 물건을 꽉 쥐고 애써 태연한 척 식사를 했다.

저녁 식사 후, 아빠와 엄마는 정말로 해듬이를 시골에 남겨 두고 떠났다.

"해듬아. 약속 못 지켜서 미안해. 대신 미국에서 정말로 특별한 선물을 사다 줄게. 할머니, 할아버지 말씀 잘 듣고 건강하게 지내."

엄마가 목이 메 말했다. 해듬이는 그동안 부모님이 원망스러웠는데, 목이 메는 엄마를 보니 마음이 아파 의연한 척하기로 했다.

"아빠, 엄마한테 중요한 일이니 어쩔 수 없죠, 뭐. 걱정 마시고 다녀오세요. 잘 지낼게요."

해듬이는 눈물이 나오려는 걸 꾹 참으며 서울로 올라가는 아빠,

잃어버린 단위로 크기를 구하라!

엄마의 차를 향해 손을 흔들었다.

해듬이는 쓸쓸한 마음으로 2층에 있는 자신의 방으로 올라왔다. 시끌시끌한 서울과 달리 창밖에는 달빛만이 고요하다. 눈을 감으니 놀이동산, 바다, 캠핑장이 물거품처럼 떠나간다. 아빠, 엄마의 얼굴과 함께…….

'그래도 아빠, 엄마와 약속했으니 여기서 잘 지내야지.'

해듬이는 마음을 가다듬으며 잠을 청했다.

"삐리삐리삐리……."

그때 어디선가 낯선 소리가 들렸다.

1

무전기에서 들려오는 낯선 옥소리

'어? 무슨 소리지?'

해듬이는 주위를 둘러보았지만 아무것도 없었다.

'내가 잘못 들었나?'

해듬이는 다시 자리에 누웠다.

"삐리삐리삐리……. 삐삐삐……."

해듬이는 깜짝 놀라 다시 일어났다.

"삐리삐리삐리 삐삐삐 삐삐삐……."

해듬이는 소리가 나는 쪽으로 살금살금 걸어갔다. 소리는 벽에 걸어 둔 옷에서 나는 것 같았다.

'아! 아까 낮에 가져온 그 물건?'

해듬이는 바지 주머니에서 얼른 물건을 꺼내 보았다. 자세히 살펴보니 무전기였다. 해듬이는 예전에 소방관 체험 활동에서 무전기를 사용해 본 경험이 있어 한눈에 알아볼 수 있었다.

'누군가가 무전을 보내고 있는 거야!'

해듬이는 무전기 옆에 달린 버튼을 누르고 낮은 목소리로 대답했다.

"여기는 황해듬. 응답했다, 오버."

그 순간 무전기가 조용해지더니 갑자기 알 수 없는 소리가 났다.

"키긱 키키키긱. 웨웅웨웅……. 키긱."

해듬이는 깜짝 놀라 재빨리 무전기의 전원을 껐다.

'무전기가 고장이 난 걸까?'

하지만 왠지 무전기에서 흘러나오는 알 수 없는 소리가 무언가를 말하려는 것처럼 느껴졌다.

'좋아. 침착하게 다시 한 번 켜 보자.'

해듬이는 이불 속에 숨어 깊게 심호흡을 한 뒤, 다시 무전기를 켰다.

"여기는 해듬. 여기는 해듬. 응답하라. 오버."

해듬이는 침착하게 무전기에 대고 말했다.

아무 응답이 없는 무전기에 실망을 하고 다시 무전기를 끄려는 순간이었다.

"키긱키긱킥. 황…… 쉭쉭쉭쉭. 해…… 키기긱. 듬…… 쉑쉑키기긱."

알 수 없는 소리 중에 들린 건 분명히 자신의 이름이었다.

'확실히 내 무전에 답한 거야!'

해듬이는 흥분되는 마음을 가다듬고 다시 무전기의 버튼을 눌렀다.

"맞아. 내 이름, 황해듬. 너는 누구지?"

이어서 무전기로부터 흘러나오는 소리는 깨끗하게 들리지만 전혀 이해할 수 없는 말이었다.

"12는 12, 12는 6. 12는 4이고, 3이고……."

고개를 갸우뚱하며 해듬이가 또렷한 발음으로 다시 무전을 보냈다.

"여기는 황해듬. 네가 누군지 말해 주겠니?"

"12는 12, 12는 6. 12는 4이고, 3이고……."

애타는 해듬이와 달리 무전기에서 들려오는 낯선 목소리는 같은 말만 자꾸 반복했다.

'암호 같은 걸까?'

해듬이는 재빨리 종이와 연필을 꺼내 적어 보았다.

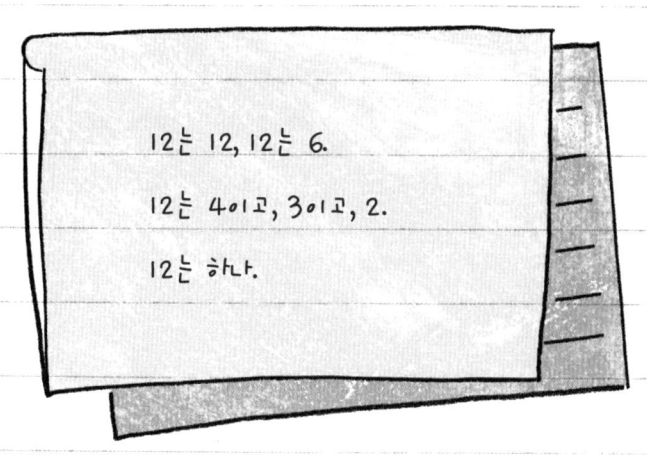

종이에 적어 놓고 보니 더욱 알쏭달쏭했다. 무전기에서는 무엇을 물어도 계속 이 말만 반복하였다.

"좋아. 암호를 풀어낼 때까지는 아무 말도 안 하겠다 이거지?"

해듬이는 갑자기 오기가 생겼다.

"내가 이 암호를 쏙 풀고 말겠어. 기다려라, 오버."

해듬이는 무전기에 대고 이를 악물며 말했다.

다음날 아침, 해듬이는 어젯밤에 있었던 일이 혹시 꿈은 아닐까 생각했다. 생각해 보니 먼지 묻은 무전기가 배터리 충전도 없이 울렸던 것도 이상했다. 하지만 책상 위에는 해듬이의 글씨로 암호가 또렷이 적혀 있는 종이가 있었다.

'그래, 한번 풀어 보자!'

해듬이는 종이에 적혀 있는 숫자를 살펴보았다.

'12, 6, 4, 3, 2, 1. 이 수들은 모두 12의 ★약수인데……. 그럼 정답이 '약수' 이려나?'

해듬이는 종이 한 구석에 연필로 또각또각 '약수'라고 적었다.

'아니야. 12는 6, 이건 12와 6이 같다는 소리잖아.'

해듬이는 머리를 긁적이며 '약수'라는 글자 위에 줄을 여러 번 그어 지웠다.

'12가 12라는 말은 당연해. 하지만 12가 어떻게 6이 되고, 4가 되고, 3이 될 수 있는 걸까?'

해듬이의 종이는 숫자들로 가득 찼다.

"해듬아! 할머니하고 산책할까?"

그때 부엌에서 할머니의 목소리가 들렸다.

"할아버지 실험실로 점심 도시락을 가져다드려야 하는데, 우리 해듬이하고 손 꼭 잡고 가고 싶어서……."

할머니의 웃음은 언제나 따뜻하다.

"네, 좋아요."

해듬이는 할머니를 따라나섰다. 여름이라 햇빛이 매우 따가왔지만, 언덕을 따라 이어진 가로수는 촘촘한 잎으로 그늘을 만들어 주었다.

"할머니, 그런데 그건 뭐예요?"

해듬이는 할머니가 들고 있는 작은 벽걸이를 가리켰다.

"아, 이건 예전에 할아버지가 연구소에서 근무하실 때 실험실에 걸어 놓았던 거란다."

그 벽걸이에는 '1 + 1 = 1'이라고 적혀 있었다.

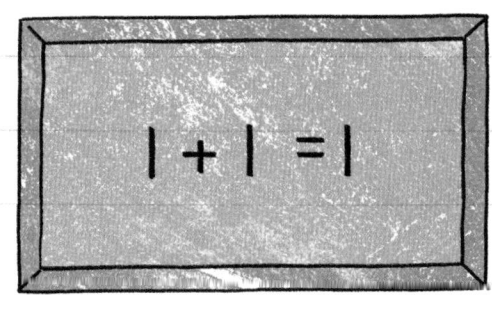

"1 + 1 = 1? 1 + 1은 2 아니에요?"

해듬이는 벽걸이에 쓰인 식을 보고 고개를 갸우뚱했다.

"맞아, 해듬이 말대로 1 + 1 = 2야. 그런데 1 + 1이 1일 때도 있단다. 예를 들면 물방울 하나에 다른 물방울 하나를 더하면 다시 한 방울의 물방울이 된다거나……."

'아, 에디슨!'

순간 위인전에서 읽었던 에디슨의 일화가 해듬이의 머릿속을 스쳤다.

잃어버린 단위로 크기를 구하라!

"아, 할머니. 저 알아요. 에디슨이 1학년 때 선생님께 1＋1이 왜 2가 되냐고 물었던 이야기요."

해듬이가 신나서 이야기했다.

"그래. 하나에 하나를 더하면 둘이니까 1＋1＝2가 당연한데 그걸 왜 질문하느냐고 선생님이 말씀하셨지."

"그런데 에디슨은 이해하지 못했어요. 물 한 방울에 다른 물 한 방울을 더하면 다시 한 방울의 물방울이 되니까 1＋1은 2가 아니라는 거였죠."

해듬이가 뒷이야기를 이어갔다. 역시 할머니와 해듬이는 장단이 잘 맞는다.

"그래. 밀가루 반죽에 다른 밀가루 반죽을 더하면 다시 한 덩어리의 밀가루 반죽이 되는 것처럼……."

할머니가 기특하다는 듯이 해듬이를 바라보며 설명을 보탰다.

"그런데요, 할머니. 할아버지는 왜 그 벽걸이를 실험실에 걸어 두셨대요?"

해듬이가 물었다.

"1＋1은 당연히 2라고 생각하는 것이 보통 사람들의 생각인데, 에디슨은 그것을 남들과 다른 시각으로 보았잖니?"

할머니의 설명에 해듬이가 고개를 끄덕끄덕했다.

"할아버지는 에디슨처럼 남들과 다른 새로운 생각이 기술 개발이나 과학 연구에 중요하다고 생각하셨어. 항상 새롭게 생각하고자 노력하셨지."

해듬이는 어제 마당에 있던 할아버지의 여러 가지 재미있는 발명품들이 떠올랐다.

"학교 선생님께서도 비슷한 말씀을 하신 적이 있어요. 과학자는 창의성을 가져야 한다고……"

"응, 그래. 이 벽걸이에 적힌 '1 + 1 = 1'은 과학자로서 할아버지의 신념이 담긴 거였단다. 그때 너희 할아버지 참 멋있으셨어."

할머니가 추억에 잠긴 얼굴로 이야기했다.

"그럼 이 벽걸이를 가져가면 할아버지가 좋아하시겠네요."

"그러면 좋겠는데 잘 모르겠구나."

할머니는 씁쓸한 미소를 지었다.

어느새 언덕 너머에 있는 할아버지 실험실에 도착했다. 실험실은 화학 약품 냄새로 진동했고, 크지 않은 창마저 두꺼운 커튼으로 가려 있어 답답했다.

'여기서 식사를 하시겠다고? 우리 할아버지는 정말 이상한 분이셔.'

해듬이는 속으로 생각했다.

"여기 오니 당신이 밤낮없이 실험에 몰두하던 생각이 나네요. 연락도 없이 실험실에서 며칠이나 보내서 나를 걱정시키기도 했었죠."

할머니는 현미경을 들여다보고 있는 할아버지를 향해 말했다.

"점심 도시락을 12시까지 가지고 오라 했는데, 지금이 몇 시야? 뭐든 정확해야 한다고. 정확해야."

시계는 12시 3분을 가리키고 있었다.

'할아버지는 겨우 3분 늦은 걸 가지고 왜 저렇게 화를 내시지?'

해듬이는 할아버지를 이해할 수 없었다.

"아유, 미안해요. 자, 여기 점심 도시락. 그리고 이건 예전에 당신 이 실험실에 걸어 두었던 거예요."

할머니가 도시락과 함께 벽걸이를 내밀었다. 할아버지는 갑자기 하던 일을 멈추고 책상 위에 올려놓은 벽걸이에 눈을 돌렸다.

갑자기 침묵이 흘렀다.

"째깍째깍."

시계 소리가 오늘따라 더 크게 들리는 듯했다.

"가져 가."

할아버지는 차가운 한 마디를 남기고 다시 현미경을 들여다보았다.

할머니와 해듬이는 벽걸이를 들고 실험실을 나왔다. 해듬이는 할아버지의 행동이 이해가 되지 않았다.

"할머니, 할아버지가 왜 이 벽걸이를 그냥 가져가라고 하신 거예요?"

"아직은 할아버지가 옛날 그 사고에 대해 편해지지 않으셨나 보구나."

할머니는 한숨을 쉬었다. 할아버지가 예전에 실험을 하다 큰 사고를 당해 얼굴과 팔에 화상을 입었다는 것은 해듬이도 알고 있었다. 해듬이는 심각해진 할머니의 기분을 풀어드리고 싶어 화제를 돌렸다.

"할머니. 아까 여기 오면서 창의성에 대해 이야기했으니까, 돌아

잃어버린 단위로 크기를 구하라!

갈 때는 '1 + 1 = 1'이 되는 경우를 더 찾아볼까요?"

"1 + 1이 1이 되는 경우? 그거 재미있겠구나."

할머니는 금세 웃음을 되찾았다.

"음……. 제가 먼저 해 볼게요. 고무찰흙에 고무찰흙을 더하면 더 큰 고무찰흙. 어때요?"

해듬이가 말했다.

"그래, 그렇구나. 그럼 이번엔 내 차롄가? 음…… 뱃살에 뱃살을 더하면 똥뱃살!"

"하하하. 기발한데요?"

할머니와 해듬이는 '1 + 1 = 1' 찾기 놀이를 하며 가로수 길을 도란도란 걸었다. 할아버지의 실험실로부터 꽤 먼 거리라고 생각했는데 어느새 집이 눈앞에 보였다. 집이 점점 가까워지자 해듬이는 오전 내내 매달렸던 암호가 떠올랐다.

'흠……. 암호를 꼭 풀어야 하는데…….'

집에 돌아온 해듬이는 다시 암호 풀기에 열중했다.

하지만 정답은 그렇게 쉽게 찾아지지 않았다.

'12는 12, 12는 6, 12는 4이고, 3이고, 2. 그리고 12는 하나. 이걸 '같다'를 뜻하는 기호인 등호(=)를 사용해서 써 볼까?'

해듬이는 암호를 수식으로 나타내어 보았다.

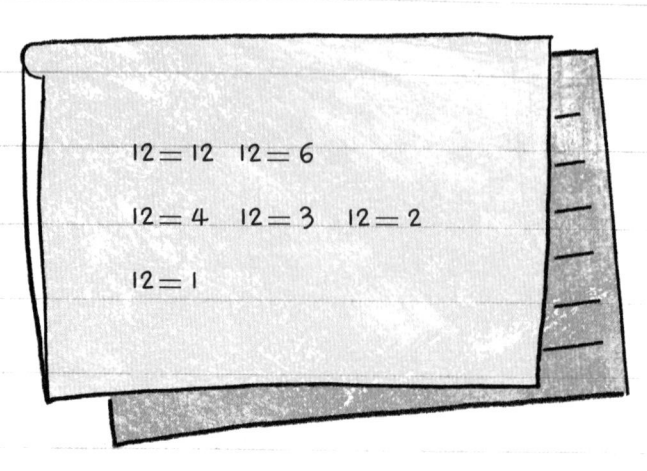

'뭐야, 이건 더 말이 안 되잖아?'

그때 해듬이의 머릿속에 가로수 길을 걸으며 할머니와 나누었던 '1 + 1 = 1' 이야기가 떠올랐다.

'1 + 1 = 1이라면……?'

해듬이는 재빨리 연필로 써 내려갔다.

$$12=1+1+1+1+1+1+1+1+1+1+1+1$$

'12는 1을 열두 번 더한 거야! 그리고 1 + 1을 괄호로 묶으면…….'

$$12=(1+1)+(1+1)+(1+1)+(1+1)+(1+1)+(1+1)$$

잃어버린 단위로 크기를 구하라!

"아! 알아냈어!"

해듬이는 무릎을 탁 쳤다.

드디어 해듬이가 기다리던 밤. 모두가 자는 시간이 되었다.

"흠……. 이제 무전을 해 볼까?"

해듬이는 책상 서랍 속에 숨겨 둔 무전기를 꺼내 ON 버튼을 눌렀다.

"여기는 해듬. 암호를 풀었다, 오버."

"12는 12. 12는 6. 12는 4이고, 3이고……."

무전기에서는 여전히 똑같은 말을 할 뿐이다.

"내가 암호를 풀었어. 답은…… '단위'야!"

해듬이가 자신 있게 대답했다.

갑자기 무전기가 조용해졌다.

'이게 아닌가?'

해듬이가 실망스러워 하는 순간, 무전기에서 놀란 목소리가 들렸다.

"맞, 맞았어! 마법 종이가 밝게 빛나고 있어!"

해듬이는 깜짝 놀랐다. 무전의 수신자가 드디어 암호 외에 다른 말을 하기 시작한 것이다.

"뭐라고? 여기는 해듬. 난위, 난위가 맞는 서아?"

해듬이는 뛰는 가슴을 주체할 수 없어 자리에서 벌떡 일어섰다.

"그래. 단위! 단위가 정답이야! 그래서 종이가 밝게 빛이 난 거야! 그런데…… 넌 정답을 어떻게 알아낸 거니?"

해듬이는 애써 침착하려 노력하며 차분히 설명하기 시작했다.

"흠……, 12는 1을 열두 번 더한 거야. 그러니까

$$12 = 1+1+1+1+1+1+1+1+1+1+1+1$$

로 표현할 수 있지. 그런데 여기서 1+1을 한 묶음으로 묶는다고 생각해 봐. 그러면 12는 (1+1)이 6개 있는 걸로 생각할 수 있어. 이때 (1+1)이 12를 6으로 만들 수 있는 '단위'가 되는 거야."

"(1 + 1)? 묶음?"

"응. 이런 방법으로 12를 4로 만들 수도 있고, 3으로 만들 수도 있어. (1 + 1 + 1)이나 (1 + 1 + 1 + 1)이라는 단위를 만들면 되니까."

"(1 + 1 + 1), (1 + 1 + 1 + 1)이라는 단위? 그게 뭐지?"

무전의 수신자는 해듬이의 설명을 도통 알아듣지 못하는 눈치였다.

"으이구, 답답해. 좋아. 그럼 내가 초콜릿으로 설명을 해 볼게."

해듬이는 공책에 초콜릿을 그려가며 설명하기 시작했다.

"그러니까, 가로로 2칸, 세로로 6칸으로 나누어진 초콜릿이 있다

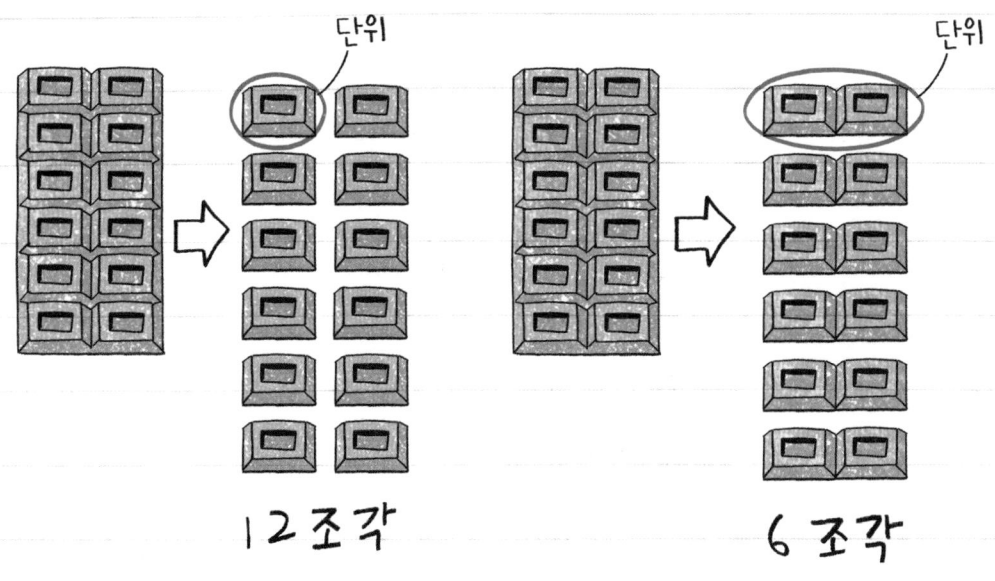

고 해 봐. 이걸 쪼개면 초콜릿은 모두 12조각이야. 그렇지? 그런데 이걸 2칸을 한 묶음으로 해서 쪼갠다고 생각해 보자. 그럼 모두 몇 조각이 나오지?"

잠시 뒤에 무전의 수신자가 말했다.

"가만 보자……. 6조각?"

"맞았어. 똑같은 크기의 초콜릿이 6조각 나와. 같은 방법으로 3칸을 한 묶음으로 해서 쪼개면 4조각이, 4칸을 한 묶음으로 해서 쪼개면 3조각이 나오는 거야."

"흠, 6칸을 한 묶음으로 해서 쪼개면 2조각이 되고, 12칸을 한 묶음으로 하면 더 이상 쪼갤 필요 없이 초콜릿 전체가 한 덩이리가

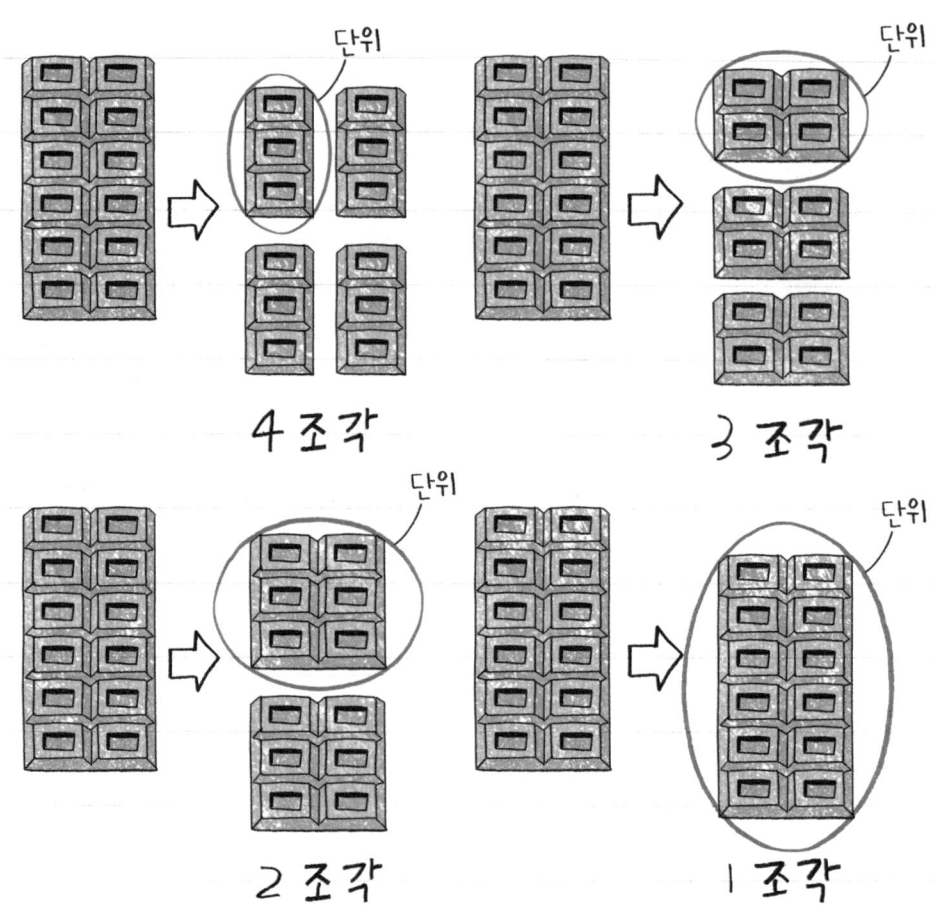

되는 거구나."

해듬이는 무전 수신자가 자신의 설명을 이해하기 시작하자 덩달아 신이 났다.

"이제야 뭘 좀 아는군! 이때 1칸, 2칸, 3칸, 4칸, 6칸, 12칸은 초

잃어버린 단위로 크기를 구하라!

콜릿을 똑같이 자르는 기준이 되는 거야. 이 기준이 바로 '단위'이
고……."

"기준이 단위라고?"

"응. 그건 연필 12자루를 한 '타(다스)'라고 부르는 걸 생각해 보
면 돼. **12개를 한 묶음으로 보는 단위가 '타'**잖아. 마찬가지로 1개,
2개, 3개, 4개, 6개를 기준으로 한다면 그것도 결국 하나의 단위인
거야. 단지 '타'와 같은 이름이 없을 뿐이지."

해듬이가 설명을 마치자 무전기의 수신자는 감탄하며 물었다.

"흠……. 너 참 대단하구나. 대체 이걸 어떻게 안 거야?"

		수	단위
✏✏✏✏✏✏✏✏✏✏✏✏	✏ × 12	12	자루
✏✏✏✏✏✏✏✏✏✏✏✏	✏✏ × 6	6	✏✏
✏✏✏✏✏✏✏✏✏✏✏✏	✏✏✏ × 4	4	✏✏✏
✏✏✏✏✏✏✏✏✏✏✏✏	✏✏✏ × 3	3	✏✏✏✏
✏✏✏✏✏✏✏✏✏✏✏✏	✏✏✏✏✏✏ × 2	2	✏✏✏✏✏✏
✏✏✏✏✏✏✏✏✏✏✏✏	✏✏✏✏✏✏✏✏✏✏✏✏ × 1	1	타

"에디슨 이야기. 1 + 1을 1이라고 생각했던⋯⋯."

"1 + 1 = 1?"

"응. 선생님과 에디슨은 똑같이 1 + 1을 했지만 그 결과는 달랐어. 선생님은 작은 물방울과 작은 물방울의 합이 작은 물방울 2개의 양과 같다는 의미에서 1 + 1 = 2라고 말씀하신 거였어. 그런데 에디슨은 작은 물방울에 작은 물방울을 합치면 더 큰 하나의 물방울이 만들어진다는 의미에서 1 + 1 = 1이라고 주장했지. 그러니까 1 + 1의 결과에 대해 선생님과 에디슨은 서로 다른 크기의 물방울을 생각했던 거야."

"'작은 물방울'이라는 단위와 '큰 물방울'이라는 단위가 달랐던 거군!"

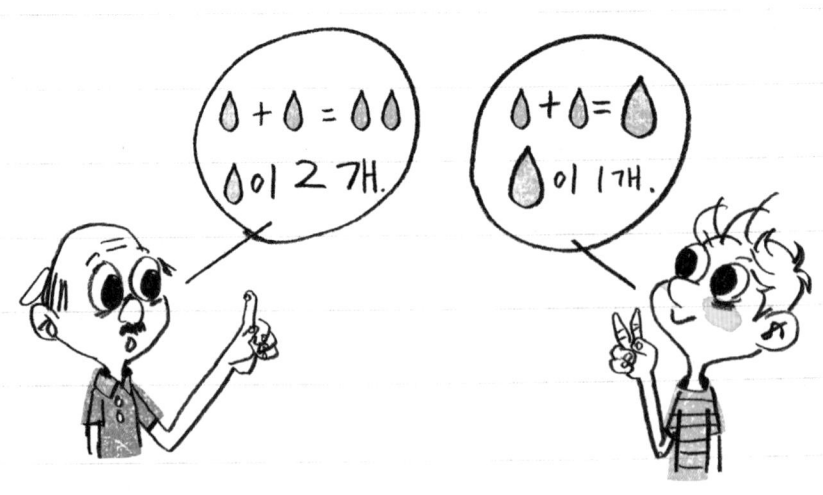

잃어버린 단위로 크기를 구하라!

"맞아. 바로 그거야."

무전 수신자와 한참 이야기를 나누고 나니, 해듬이는 얼굴도 이름도 모르는 그와 꽤 친해진 것 같은 기분이 들었다.

"역시 듣던 대로 지구인은 똑똑하군!"

무전 수신자의 말에 해듬이는 깜짝 놀랐다.

"지구인?"

"그래. 너는 지구에 사는 지구인. 나는 위니테 별에 사는 위니테 인."

'그렇다면 이게 지금 외계인과의 무전 교신?'

해듬이는 지금 자신이 혹시 꿈을 꾸고 있는 게 아닌지 볼을 꼬집어 보았다.

"그, 그럼, 네가 외계인이란 말이야?"

"너희 별을 기준으로 본다면 난 외계인이지. 우리 별의 기준에선 네가 외계인이지만."

해듬이는 어안이 벙벙했다.

"내 소개가 늦었지? 난 위니테 별의 왕자, 클리욘이야. 우리 별은 작지만 평화로운 곳이었는데, 어느 날 우주 마녀의 시샘으로 혼란이 왔어. 길이를 나타내는 말과 무게를 나타내는 말이 없어졌지. 한마디로 단위를 잃어버린 거야."

해듬이는 무전기에 더욱 귀 기울였다.

"단위가 없어지니 우선은 매우 불편해졌어. 시간, 온도 등을 가늠

할 수 없으니 말이야. 하지만 생활의 불편함은 그저 시작에 불과했어. 단위가 없는 세상은 그야말로 재앙이었지. 이런 혼란을 이용한 사기까지 등장했으니 말이야."

"사기?"

"응. 물건의 양을 재는 도구가 없고, 그것의 값이 얼마인지 나타내는 단위가 없으니 물건이나 땅을 사고팔 때 눈속임하려는 이들이 늘어났어. 사람들은 결국 서로를 불신하기 시작했고, 평화로웠던 위니테 별에 싸움이 잦아졌지."

"단위가 없어진 세상이 그렇게 끔찍할 줄 몰랐어."

"위니테 별을 구하기 위해서는 우주 마녀가 주고 간 문제의 해답을 찾아야 해."

클리욘은 다급한 목소리로 말했다.

"해답?"

해듬이가 되물었다.

"응. 마녀는 나에게 종이 한 장을 던지고 갔어. 거기 적힌 문제를 풀면 위니테 별의 단위를 찾을 수 있을 거라면서……. 마녀는 앵무새의 깃털로 정답을 쓰면 종이가 밝게 빛날 거라고 했어. 하지만 마녀의 문제는 너무 어려워서 우리 힘으로는 도저히 풀 수가 없었어. 종이의 빛을 밝힌 첫 번째 문제가 네가 풀었던 바로 그 문제야."

해듬이는 왠지 자신이 대단한 일을 해낸 것 같아 기분이 좋았다.

"해듬. 나를 도와줘. 위니테 별을 하루라도 빨리 구해야 해."

"응? 내가?"

"응. 너라면 나머지 문제도 풀 수 있을 거야."

해듬이는 잠시 고민했지만 이내 알았다고 말했다.

"좋아, 해듬. 내일 밤 내가 너의 방으로 찾아갈게. 안녕."

해듬이는 믿기지 않았다. 낡은 무전기로 외계인과 교신을 하다니……. 게다가 자신은 외계인이 낸 문제를 풀었고, 이 일로 외계인의 별을 구하는 일에 동참하게 되지 않았는가!

'클리욘의 말이 진짜일까?'

해듬이는 ★ 반신반의했지만 내일 밤이 은근히 기대되었다.

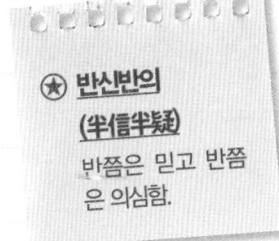

★ 반신반의
(半信半疑)
반쯤은 믿고 반쯤은 의심함.

'내일 밤이면 알 수 있겠지. 클리욘의 말이 진짜인지 아닌지. 외계인이 정말 존재하는지 그렇지 않은지……'

해듬이는 클리욘의 모습을 상상하며 잠을 청하였다.

 ## 퀴즈 1

연필 12자루를 한 묶음으로 하는 단위는 무엇인가요?

읽을 거리 1: 분모가 다른 분수는 왜 곧바로 더할 수 없을까?

$\dfrac{2}{3}$와 $\dfrac{3}{4}$의 합은 얼마지요?

아마도 이 합을 즉각적으로 구하기는 어려울 거예요. 보통 '통분'이라고 부르는 계산 절차를 거쳐야만 합을 구할 수 있지요.

2와 3은 쉽게 더하는데, $\dfrac{2}{3}$와 $\dfrac{3}{4}$은 왜 곧바로 더할 수 없는 걸까요?

이 물음에 대한 답도 바로 '단위'와 관계가 있어요.

1, 2, 3, … 과 같은 자연수끼리 곧바로 더할 수 있는 것은 더하는 두 수의 단위가 1로 같기 때문이에요. 예를 들어 3+4에서 3은 1이 3개 있고, 4는 1이 4개 있는 거니까 합하면 1이 (3+4)개 있는 것이지요. 이런 식으로 단위가 같을 경우는 몇 개가 있어도 그냥 더하면 된답니다.

이번에는 $\dfrac{2}{7}$와 $\dfrac{3}{7}$의 합을 생각해 보아요.

$\dfrac{2}{7}$는 $\dfrac{1}{7}$이 2개, $\dfrac{3}{7}$은 $\dfrac{1}{7}$이 3개 있는 거예요. 그러니까 두 수를 합하면 $\dfrac{1}{7}$이 2+3, 즉 5개가 있는 것이므로 합은 $\dfrac{5}{7}$가 되지요. 이를 식으로 나타내면 다음과 같아요.

$$\frac{2}{7} + \frac{3}{7} = \frac{(2+3)}{7} = \frac{5}{7}$$

그러니까 분모가 같은 분수는 단위가 같으므로 곧바로 더할 수 있는 것이랍니다.

그럼 원래 문제로 돌아가 보아요.

$\frac{2}{3}$와 $\frac{3}{4}$을 더할 때 분자는 분자끼리, 분모는 분모끼리 더하면 안 된다는 것을 알고 있지요? $\frac{2}{3}$는 단위 $\frac{1}{3}$이 2개, $\frac{3}{4}$은 단위 $\frac{1}{4}$이 3개 있는 거지요. 이렇게 두 분수의 단위가 다르니까 그냥 곧바로 더할 수가 없는 거예요. 분모가 다른 분수는 같은 단위로 만들어 주어야만, 다시 말해서 분모를 같게 만들어 주어야만 비로소 더할 수가 있는 거예요.

그럼 $\frac{2}{3}$와 $\frac{3}{4}$을 같이 나타낼 수 있는 단위가 무엇일까요? 물론 구해야 하는 단위는 지금 단위인 $\frac{1}{3}$이나 $\frac{1}{4}$보다 작아야겠죠. 다음 그림에서 보듯이 두 분수를 같이 나타낼 수 있는 단위는 $\frac{1}{12}$이에요.

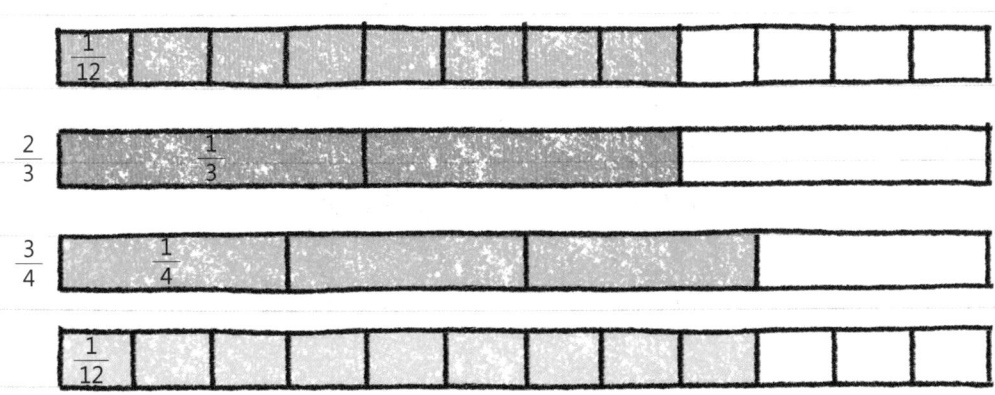

$\frac{2}{3}$는 $\frac{1}{12}$이 8개인 것과 같고, $\frac{3}{4}$은 $\frac{1}{12}$이 9개인 것과 같으므로 그 합은 $\frac{1}{12}$이 $8+9=17$개가 되고, 결국 $\frac{17}{12}=1\frac{5}{12}$를 구할 수 있지요.

두 분수를 더할 때 통분하기 위해 선택하는 분모 12가 이와 같은 원리로 나오는 거랍니다.

지금까지의 설명에서, 분수의 크기를 단위로 설명할 때 단위들은 모두 분자가 1인 분수였죠. 이와 같이 분자가 1인 분수 $\frac{1}{2}$, $\frac{1}{3}$, $\frac{1}{4}$, …은 분수의 단위 역할을 하기 때문에 '단위 분수'라고 불러요.

고대 이집트 사람들은 모든 분수를 단위 분수들의 합으로 나타낼 정도로 단위 분수를 즐겨 사용하였다고 전해지고 있어요. 다음 그림은 이집트 파라오의 왕권을 보호하는 상징인 '호루스의 눈'이에요. '태양의 눈', 또는 '달의 눈'이라고도 불리는 이 그림에서 각 부분은 단위 분수를 의미한다고 해요. 그림에 있는 단위 분수들을 모두 더해 볼까요?

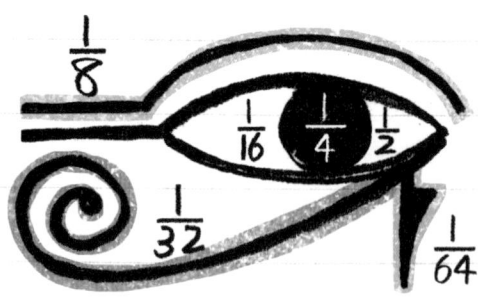

호루스의 눈과 단위 분수

구한 합은 $\frac{63}{64}$ 이에요. 전체를 상징하는 1에서 $\frac{1}{64}$ 만큼 모자라는 수네요. 그 모자라는 만큼은 호루스 신화에 등장하는 '지식과 달의 신'인 토트가 채워 준다고 여겼답니다.

수학에서 단위가 얼마나 중요한 것인지 알 수 있겠지요?

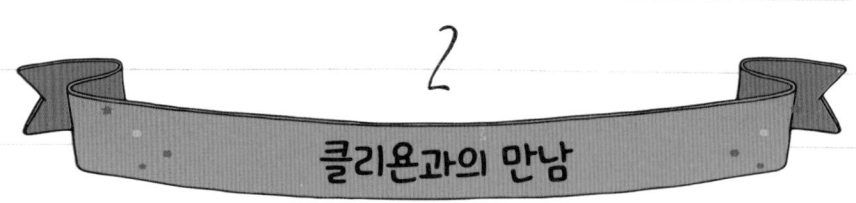

2
클리욘과의 만남

칠흑같이 어둡고 조용한 시골의 밤.

클리욘이 나타났다. 창백한 얼굴에 파르스름한 입술. 클리욘의 모습은 외계인이라기보다는 어딘가 음침한 구석이 있는 사람의 모습이었다.

"이 문제를 풀지 못하면 너도 나처럼 드라큘라가 될 거야."

클리욘의 입술 사이로 두 개의 뾰족한 송곳니가 하얗게 드러났다.

"으악! 사람 살려!"

해듬이가 있는 힘껏 소리치며 도망치려는 순간, 온몸이 움찔했다. 주위를 둘러보자 클리욘은 온데간데없고 창밖에 해가 떠 있었다.

"아, 꿈이었구나."

잃어버린 단위로 크기를 구하라!

휴~
꿈이었어.

시계를 보니 시침이 벌써 9를 가리키고 있었다.

"이크, 아침 식사 시간에 늦었네. 휴, 그래도 클리욘이 드라큘라가 아니어서 다행이야."

해듬이는 서둘러 1층으로 내려갔다.

"아휴, 잠깐이면 되는데 왜 이렇게 고집을 피워요."

"됐어! 쓸데없는 소리 집어치워!"

할머니와 할아버지는 웬일인지 언성을 높이고 있었다. 그리고 할아버지는 화난 얼굴로 집을 나갔다. 속상한 얼굴의 할머니를 바라보며 해듬이가 물었다.

"할머니, 무슨 일이세요?"

"할아버지 몸이 허한 것 같아서 보약 한 제 지으러 읍내에 나가자고 했더니 저러시는구나. 화상 흉터 때문에 사람들 마주치는 게 싫어서 저러시는 거야."

할머니는 한숨을 내쉬었다.

"오늘은 늦잠을 잤구나. 일단 아침부터 먹어야지."

"네."

해듬이는 할머니를 무슨 말로 위로해드려야 할지 몰라 꾸역꾸역 밥만 먹었다.

오늘도 할머니와 함께 할아버지 점심을 가져다 드리고, 방학 숙제를 하고, TV도 좀 보다 책을 읽으며 하루를 보냈다. 겉보기엔 아주 평범한 하루 같았지만 클리온을 기다리는 해듬이에게는 사실 설렘과 긴장의 시간이었다.

드디어 저녁 10시.

해듬이는 1층에 불이 꺼지는 걸 확인한 후, 서랍에서 무전기를 슬며시 꺼냈다. 무전기는 아직 잠잠하다.

"내가 도깨비한테 홀린 건 아니겠지?"

해듬이는 어젯밤 일만 생각하면 아직도 얼떨떨하다.

잃어버린 단위로 크기를 구하라!

그때, 무전기가 울렸다.

"삐리삐리삐리. 해듬. 여기야, 여기."

"응? 클리욘?"

"그래, 나야, 나. 만나서 반가워."

해듬이는 방을 둘러봤지만 아무도 없었다.

"클리욘? 너 어디 있는 거야?"

"아이 참, 여기 있잖아, 여기. 바로 네 앞에."

"내 앞?"

해듬이가 고개를 들어 보았지만 앞에는 방문만 덩그러니 있었다.

"아이 참, 거기서 50걸음쯤 앞에 내가 있잖아."

"50걸음? 그럼 방 밖으로 나가게 되
는데?"

해듬이는 어리둥절했다.

"아차차차, 네가 나보다 걸
음 폭이 크다는 걸 깜빡했다.
네 걸음으로는 음…… 두 걸음
쯤 되려나?"

해듬이가 발 아래 두 걸음쯤
을 내려다보자, 겨우 새끼손가
락만한 작은 무언가가 보였다.

자세히 들여다보니 얼굴은 역삼각형에 커다란 눈, 보랏빛 피부, 마른 몸에 어울리지 않은 불룩한 배, 한 손에 들려 있는 무전기. 클리욘은 정말 공상 만화에서 보던 그대로의 외계인이었다.

"네……, 네가 클리욘?"

"그래, 드디어 찾았구나. 나 좀 네 손바닥 위에 올려 줄래?"

해듬이는 손바닥 위에 클리욘을 올렸다.

가만 보니 조금 귀엽게 생긴 것 같기도 했다. 어젯밤 자신이 꿈에서 본 드라큘라를 생각하니 갑자기 웃음이 나왔다.

"풋!"

그때 해듬이의 입에서 나온 입김에 클리욘이 뒤로 쓰러질 뻔하다 겨우 중심을 잡았다.

"어어, 조심하라고."

클리욘이 작은 얼굴로 째려봤다.

"그래, 미안."

해듬이가 웃음을 참으며 사과했다.

"아 참! 너 그 사이 나의 존재에 대해 누구에게 말한 건 아니지? 사실 함부로 다른 외계의 사람을 만나는 건 금지된 일이야. 몰래 온 거니까 나를 잘 숨겨 줘야 돼."

클리욘이 말했다.

"알았어. 넌 너무 작아서 주머니에 넣고 다녀도 아무도 모를 거야."

잃어버린 단위로 크기를 구하라!

"시간이 없어. 빨리 마녀의 문제를 풀어야 해."

클리욘이 마법 종이를 꺼냈다. 마법 종이는 겨우 클리욘의 몸통만 했다.

"어휴, 종이가 너무 작아서 돋보기로 봐야겠는걸?"

"어차피 우리 별의 글자라 너는 읽지 못할 거야. 내가 다음 문제를 읽어 줄게."

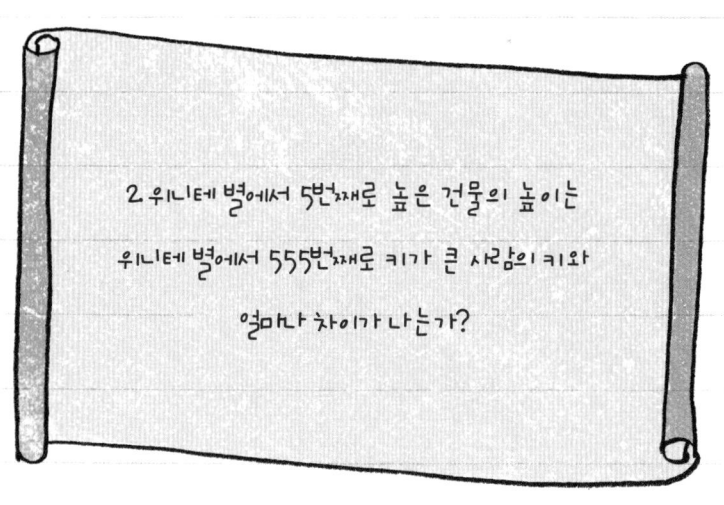

2. 위니테 별에서 5번째로 높은 건물의 높이는
위니테 별에서 555번째로 키가 큰 사람의 키와
얼마나 차이가 나는가?

"이 문제는 1번 문제처럼 어렵진 않은 거 같은데? 5번째로 높은 건물과 555번째로 키가 큰 사람을 알기만 한다면 말이야."

해듬이가 손가락으로 턱을 반시작서리며 밀했다.

"우리도 그렇게 생각했어. 위니테 별에서 5번째로 높은 건물. 그건 위니테 성의 도서관, '비빌리요'였어. 비빌리요의 높이를 알기 위해서 굴뚝 청소부가 건물 꼭대기에 올라가 실을 늘어뜨렸고, 아래에서 내 집사가 그 실이 땅에 닿는 부분에 표시를 해 뒀어."

"그럼 일단 위니테 별에서 5번째로 높은 건물의 높이는 알고 있는 거네."

"그런데 문제는 위니테 별에서 555번째로 키가 큰 사람을 찾는 일이야."

비빌리요

잃어버린 단위로 크기를 구하라!

해듬이는 새 학기가 시작되면 선생님이
★ 눈대중으로 키를 재어서 키 번호를 정하
던 것이 떠올랐다.

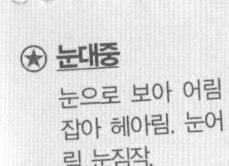

★ 눈대중
눈으로 보아 어림
잡아 헤아림. 눈어
림. 눈짐작.

"키는 그냥 일렬로 죽 늘어서서 비교하면
되지 않니?"

"물론 그렇지. 하지만 위니테 별에는 1만 명이 넘는 사람이 살고
있어. 이들을 모두 일렬로 세우는 건 불가능해. 그래서 우린 사람
들에게 손 뼘으로 자신의 키를 재도록 했어. 우선 10뼘이 넘는 사
람만 추려내서 줄을 세우면 좀 더 쉬울 거라는 생각이었지."

"응, 좋은 아이디어 같은데?"

"하지만 생각과는 달랐어. **사람들마다 손 한 뼘의 길이가 다 달랐
던 거야. 내 한 걸음과 네 한 걸음의 폭이 다르듯이 말야.**"

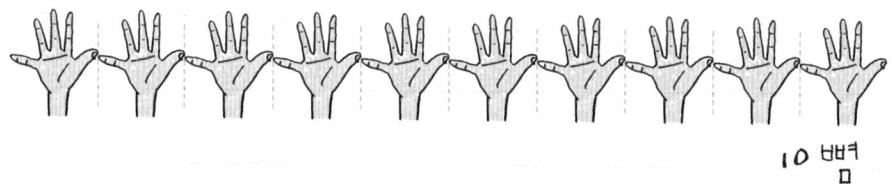

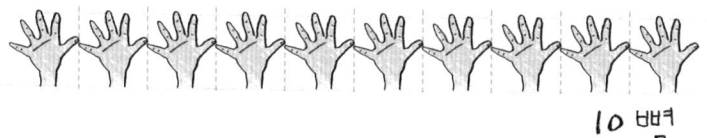

손 한 뼘의 길이는 사람들마다 달라 기준이 되기 어렵다.

클리온이 쓸쓸하게 말했다.

손 한 뼘의 길이는 사람들마다 달라 기준이 되기 어렵다.

"흠……. 그러니까 기준이 달라서 문제가 생긴 거구나. 손 한 뼘이라는 기준이 사람들마다 다르기 때문에."

"맞아. 이 일로 고민하던 중 내 머리 위로 나뭇잎 한 장이 떨어졌어. 그래서 이번에는 이 나뭇잎의 길이를 기준으로 사람들의 키를 재 보기로 했지. 실을 나뭇잎의 길이만큼씩 잘라 사람들에게 나눠 주고 그 실로 자신의 키가 얼마나 되는지 재게 한 거야."

클리온이 두 손을 벌려 나뭇잎의 길이를 어림해 보이며 말을 이어 나갔다.

"사람들은 자신의 키를 '5나뭇잎', '6나뭇잎' 혹은 '7나뭇잎하고 절반' 등으로 말했어. 하지만 자신의 키를 '7나뭇잎하고 절반'이라고 말하는 사람들도 실제 키는 제각각이어서 사람들의 키를 비교하는 것이 쉽지만은 않았어. 어쨌든 어렵게 어렵게 555번째로 키가 큰 사람을 찾긴 했어. 그는 옷을 만드는 재단사, 꾸띠에였어."

"그럼 이제 비빌리요의 높이와 꾸띠에의 키를 비교하는 문제만 남았구나?"

"응. 비빌리요의 높이는 '168나뭇잎하고 그 절반이 조금 못 되는 길이'였어. 꾸띠에의 키는 정확하게 '7나뭇잎'이었지. 우리는 마법 종이에 '161나뭇잎과 그 절반이 조금 못 되는 길이만큼'이라고 썼

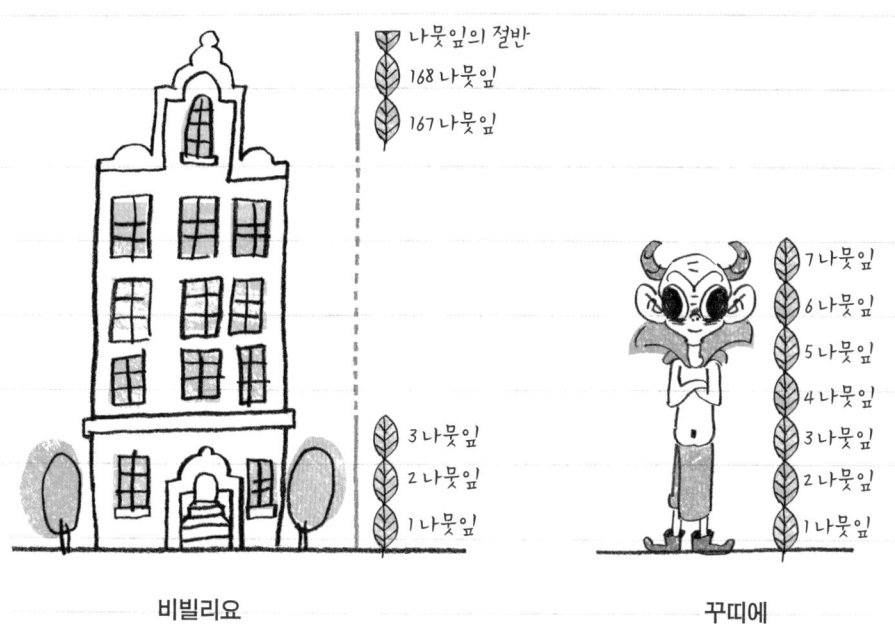

비빌리요

꾸띠에

어. 그런데 그건 마녀가 원했던 정답이 아니었나 봐. 우린 어렵게 답을 구했지만, 중간에 뭔가가 잘못되어 있었던 것 같아."

클리욘의 말을 진지하게 듣고 있던 해듬이가 천천히 입을 뗐다.

"내 생각엔 말이야. 네 말대로 키를 재거나 비교하는 과정 중에 실수가 있었을 수도 있지만, 비빌리요의 높이와 꾸띠에의 키의 차이를 좀 더 정확하게 표현해야 할 것 같아. '절반이 조금 못 되는 길이'라는 건 정확하게 얼마만큼을 말하는 건지 알 수가 없잖아. 흠⋯⋯. 이 문제를 해결하려면 아마도 제대로 된 '길이의 단위'를 사용해야 할 것 같은데?"

클리욘의 눈이 반짝였다.

"길이의 단위?"

"응. cm(센티미터) 같은 거 말이야."

해듬이가 필통에서 15cm 플라스틱 자를 꺼내 들어 보였다.

"그게 cm니?"

클리욘의 물음에 해듬이는 웃음이 나왔다.

"아니, 이건 '자'라는 거야. **길이를 재는 도구**지. 이 자에 cm가 표시되어 있어. 여기 봐. 0에서 1이라고 씌어 있는 데까지, 이 길이가 1cm야."

"그렇구나. 해듬아, 자로 길이를 재는 걸 한번 보여 줄 수 있니?"

클리욘이 부탁했다.

"알았어, 잘 봐. 길이를 재고 싶은 물건에 이 자를 가져다 대는 거야. 만약 이 연필의 길이를 알고 싶다면, 우선 **연필의 한쪽 끝을 시작점 0에 맞추고, 나머지 한쪽 끝이 오는 곳의 숫자를 읽는 거야**. 8이지? 그럼 이 연필의 길이는 8cm인 거지."

"그렇구나. 그런데 연필의 끝이 8cm하고 9cm 사이에 오면 그건 어떡하지? 나뭇잎으로 비교를 했을 때도 그런 문제가 있었어."

"응, 그럴 땐 더 작은 단위인 'mm(밀리미터)'로 길이를 나타내. 여기 8과 9 사이에 작은 눈금이 보이지?"

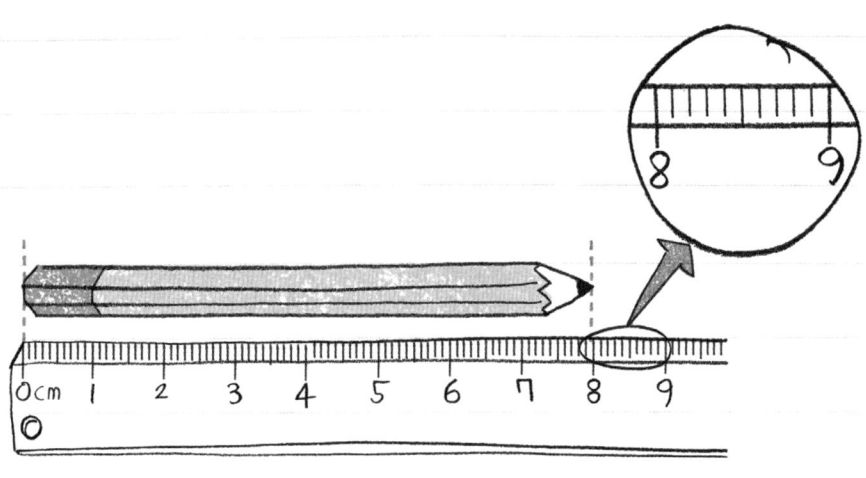

클리욘은 작은 눈금으로 표시된 칸 수를 세어 보았다.

"하나, 둘, 셋, 넷, ……, 아홉, 열. 응, 모두 10개의 칸이 있네? 8 과 9 사이의 간격이 10칸으로 나누어져 있어."

"응, 1cm를 10개로 똑같이 나눈 것 중 하나가 1mm야. 그러니까 1mm 10개가 모이면 1cm가 되는 거지."

"그럼 1cm가 10mm와 같은 거야?"

"클리욘, 똑똑한데?"

해듬이가 칭찬하자 클리욘의 작은 어깨가 한번 으쓱 했다.

"해듬. 그럼 내 키는 얼마야?"

해듬이가 클리욘 옆에 자를 갖다 댔다.

"어디 보자……. 네 키는 4cm 6mm야. 46mm."

"46mm?"

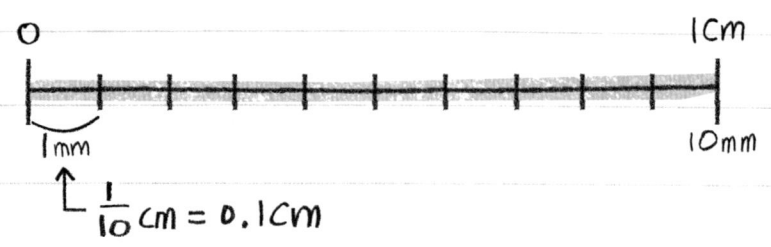

$$\frac{1}{10} cm = 0.1 cm$$

1cm와 1mm

클리욘이 고개를 갸우뚱거렸다.

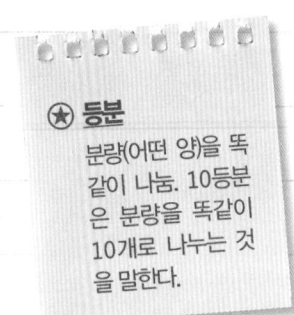

⭐ **등분**
분량(어떤 양을 똑같이 나눔. 10등분은 분량을 똑같이 10개로 나누는 것을 말한다.

"1cm는 10mm잖아. 그러니까 4cm 6mm는 46mm지. 4cm 6mm는 4.6cm와도 같아. 1mm는 1cm를 ⭐10등분한 것 중에 하나니까, $\frac{1}{10}$cm. 이걸 소수로 나타내면 0.1cm 이지. 그러니까 6mm는 0.6cm인 거야."

"그렇구나. 내 키는 4cm 6mm. 46mm!
4.6cm!"

클리욘은 뿌듯해하며 깡충깡충 뛰어다녔다.

"만약 더 세밀한 비교가 필요하다면 1mm를 다시 10등분한 새로운 단위를 사용하면 될 거야."

"해듬, 고마워. 이제 키를 비교하기 훨씬 쉬울 것 같아. 그런데 말이야, 비빌리요의 높이는 어떻게 재지? 엄청 긴 플라스틱 자가 필

잃어버린 단위로 크기를 구하라!

요한 거야?"

클리욘이 자를 만지작만지작하며 말했다.

"흠……. 긴 물체의 길이를 잴 때는……."

해듬이의 머릿속에 물 로켓 대회를 했던 일이 떠올랐다. 물 로켓을 멀리 쏘면 어디까지 날아갔는지 선생님이 줄자로 거리를 쟀었다.

"줄자! 줄자를 사용하면 돼. 기다란 줄에다가 눈금을 표시한 거야."

"줄자? 그것 좀 보여 줄 수 있겠니?"

클리욘이 물었다.

"지금은 없어. 아마 1층에 있을 텐데 그건 내일 보여 주면 안 될까?"

"알았어. 그럼 일단 내가 잘 만한 곳을 좀 마련해 줘. 사실 여기까지 오느라 몹시 피곤하거든."

클리욘이 졸린 듯 하품을 하며 말했다.

해듬이는 주위를 둘러보다 필통 위에 손수건 한 장을 정성스럽게 깔아 줬다.

"어때? 편하니?"

"응, 딱 좋아. 잘 자고 내일 보자."

해듬이와 클리욘은 곧 잠이 들었다.

다음날 아침, 해듬이가 일어나 보니 클리욘이 곤히 자고 있었다.

'많이 피곤했던 모양이네. 클리욘이 일어나면 먹을 음식은 좀 가

져와야겠다.'

해듬이는 1층 주방으로 내려갔다.

"해듬이 일어났니? 아침 먹어야지."

할머니가 따뜻한 밥 한 공기를 식탁에 놓으며 말했다.

"할아버지는요?"

"할아버지는 오늘따라 일찍 나서셨어."

"아, 네. 맛있게 먹겠습니다."

"그래, 우리 손자. 맛있게 먹어라."

해듬이는 할머니와 대화 중에도 클리욘 생각만 났다.

'클리욘에게 줄 음식을 어떻게 가져가지? 옳지! 작은 접시에 덜어 먹는 척하면서 음식을 가져가야겠다.'

해듬이는 혹여나 할머니에게 클리욘의 존재를 들킬까 최대한 자연스럽게 행동하려고 노력했다.

"할머니, 작은 접시 하나만 주세요. 좀 덜어 먹고 싶어서요."

"그러려무나."

할머니가 싱크대 쪽으로 돌아서는데 다리를 절룩거리는 모습이 보였다.

"할머니, 다리가 왜 그래요?"

해듬이가 물었다.

"응, 오늘 아침 달걀을 가지러 닭장에 갔다가 발목을 삐긋했어."

잃어버린 단위로 크기를 구하라!

할머니가 붕대로 감아 놓은 왼쪽 발목을 가리키며 말했다.

"아휴, 많이 아프셨겠어요. 걷는 건 괜찮으세요?"

해듬이가 걱정스레 물어보았다.

"그래서 말인데, 해듬아. 할머니 부탁 좀 들어 줄 수 있겠니?"

"네? 뭔데요?"

"응, 네가 당분간 할아버지 점심 식사를 좀 가져다 드릴 수 있을까?"

할머니가 해듬이에게 조심스레 물었다.

"네? 저 혼자요?"

해듬이는 깜짝 놀랐다.

"응, 당분간만."

"할아버지는 엄청 까다로운 분이시잖아요. 또 저를 별로 좋아하시지도 않고……."

"아니야. 할아버지가 내색은 안하시지만 해듬이 널 많이 아끼신단다. 네가 매일 점심을 가져다 드리면 할아버지도 내심 좋아하실걸? 그리고 내 발목이……."

해듬이는 내키지 않았지만 할머니의 다친 발목을 보니 어쩔 수가 없었다.

"흠……. 그럼 그렇게 할게요. 그렇지만 할머니 발목이 다 나을 때까지만 할 거예요."

"그래, 고맙다."

해듬이가 방에 올라오자 클리욘이 일어나 있었다.

"클리욘, 잘 잤어? 여기 네 아침이야."

해듬이가 접시에 덜어 온 밥 한 덩이와 계란말이를 내밀었다.

"하, 식사는 됐어. 어찌 될지 몰라서 한 달 치 영양분을 몸속에 저장하고 왔거든."

하, 식사는 됐어. 어찌 될지 몰라서 한 달 치 영양분을 몸속에 저장하고 왔거든.

잃어버린 단위로 크기를 구하라!

"그게 가능해?"

"위니테 별에서는……. 그럼 이제 줄자 보러 가는 거야?"

클리욘은 대수롭지 않다는 듯 대답한 뒤, 해듬이를 재촉했다.

"아휴, 급하기도 해라. 좋아. 내 바지 주머니에 들어와. 몰래 이동해야지."

줄자는 1층 현관에 보관되어 있는 공구 상자에 있었다.

"이게 줄자야. 눈금이 그려져 있는 줄이 이 안에 돌돌 말려 있지."

"흠, 어떻게 하는지 네가 직접 보여 주면 좋겠는데……."

클리욘이 고개를 갸우뚱하며 말했다.

"좋아, 그럼 화단에서 닭장까지의 거리를 한번 재어 볼까?"

해듬이와 클리욘은 줄자를 들고 마당으로 나왔다.

"클리욘, 여기 줄자가 시작되는 0 부분을 화단 끝에 맞춰. 움직이지 않도록 잘 고정하고 있어야 해."

해듬이는 화단에 서 있는 클리욘에게 줄자의 끝을 맡기고 닭장으로 뒷걸음질 쳤다. 줄자는 길게 길게 늘어났다.

"자, 여기. 닭장에 도착! 그럼 이제 줄자를 바닥에 대고 거리가 얼마나 되는지 읽는 거야. 음……. 화단에서 닭장까지의 거리는 3m(미터) 94cm! 클리욘, 이제 줄자를 놔."

클리욘이 줄자를 놓자 줄자는 '쉬익' 소리를 내며 돌돌 감겼다.

"3m 94cm? 3m가 뭐야?"

클리온이 물었다.

"아, 어제는 cm와 mm의 단위에 대해서만 말해 줬구나? 긴 길이를 잴 때는 cm로 재기가 불편하니까 m라는 단위를 사용해. 1m는 100cm야."

"3m는 그럼 300cm?"

"응. 더 긴 길이를 잴 때는 km라는 단위를 사용하면 편리해. 1km는 1000m지. 그러니까 정리하면……."

해듬이는 마당에 굴러다니는 막대기를 집어 들고 그림을 그렸다.

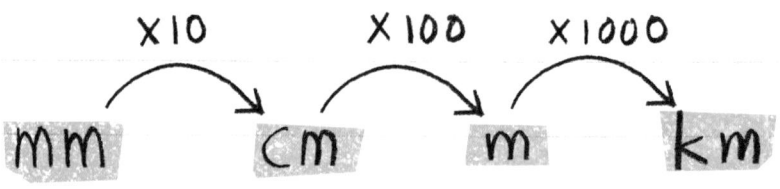

"그렇구나. 그런데 1m가 어느 정도인지 또 1km가 어느 정도인지 감이 잘 안 오는데?"

클리온이 머리를 긁적였다.

"음……. 우선 1m는 대략 이 정도야."

해듬이가 오른팔을 바깥으로 벌리며 말했다.

"그리고 1km는……. 아! 이따가 우리 할아버지 실험실에 점심 가져다 드리러 갈 건데 같이 갈래? 할머니 댁에서 1km쯤 떨어져 있는 곳이거든!"

"좋아!"

해듬이는 점심 심부름이 탐탁지 않았는데, 그래도 같이 갈 친구가 있어 다행이라는 생각이 들었다.

해가 머리 꼭대기에 올랐다. 드디어 첫 번째 점심 심부름 시간이다. 해듬이는 클리욘을 주머니에 넣고 도시락을 챙겼다.

할머니가 우산을 건네주며 말했다.

"해듬아, 오늘 낮에 소나기가 온다고 했어. 언제 비가 올지 모르니 우산을 가져가는 게 좋겠다."

"네, 다녀올게요."

해듬이는 할머니에게 인사를 한 후, 실험실로 향했다.

"클리욘, 여기서부터 실험실에 도착할 때까지가 대략 1km야."

해듬이는 클리욘과 함께 오순도순 이야기를 나누며 걸어갔다.

'찌링찌링.'

잃어버린 단위로 크기를 구하라!

가로수 길을 접어드는 순간, 갑자기 뒤에서 벨 소리가 들리더니 새까만 여자아이 하나가 자전거를 타고 해듬이 쪽으로 달려왔다.

"클리욘! 숨어!"

클리욘은 해듬이의 바지 주머니 속으로 재빠르게 숨었다.

"안녕! 난 오필이야. 넌 이름이 뭐니?"

자전거를 탄 여자아이가 말했다.

"아, 난 황해듬."

뜬금없는 인사에 해듬이는 저도 모르게 답했다.

"너 파란 지붕 할머니 댁 손자지? 네가 이사 오는 거 봤어. 어디서 왔니? 앞으로도 계속 여기서 사는 거니?"

갑자기 쏟아지는 질문에 해듬이는 정신이 없었다.

"응, 그게 그러니까……."

오필이라는 아이는 해듬이가 대답하기도 전에 혼자서 질문을 계속 이어나갔다.

"그럼 넌 한빛 초등학교에 다니게 되겠구나? 몇 학년이니? 아 참! 그보다도 왜 넌 엄마, 아빠랑 따로 떨어져 살아?"

"그게……."

해듬이는 대답을 하려고 하다 문득 자신이 왜 낯선 여자아이에게 이 모든 것을 말해 줘야 하나 하는 의문이 들었다.

"아니, 그런데 넌 누구기에 나에 대해 이렇게 꼬치꼬치 묻는 거야?"

65

해듬이가 날카롭게 물었다.

"나? 아까 말했잖아. 내 이름, 박오필. 그러니까 너희 엄마, 아빠가 이혼하신 모양이구나? 그래서 여기 온 거고…… 참, 너도 불쌍하다, 얘."

오필이는 계속 혼자서 말을 이어나갔다. 해듬이는 잘 알지도 못하면서 자신에 대해 함부로 떠들어 대는 수다쟁이가 마음에 안 들었지만 그냥 무시하기로 했다.

드디어 할아버지 실험실 앞에 다다랐다.

'다행히 시간은 늦지 않았군.'

해듬이는 손목시계를 보며 생각했다.

"난 다 왔으니까, 넌 이제 네 갈 길이나 가."

해듬이는 오필이에게 퉁명스레 말했다.

그때 갑자기 언덕 반대편에서 덩치 큰 남자아이 하나가 다가왔다.

"야, 박오필!"

"엄마야!"

남자아이를 보자 오필이는 말릴 새도 없이 소리를 지르며 할아버지 실험실로 뛰어 들어갔다. 남자아이도 쿵쾅쿵쾅 따라 들어갔다.

"거기는 안 돼!"

해듬이는 사색이 되었다. 다행히 할아버지는 자리를 잠시 비운 모양이지만 해듬이는 조마조마했다.

"빨리 나가! 여긴 우리 할아⋯⋯."

'와장창창!'

해듬이의 말이 끝나기도 전에 오필이와 남자아이는 실험실을 뛰어다니다 실험 도구를 올려놓은 선반을 넘어뜨렸다. 실험 도구가 깨지며 유리 조각이 사방에 흩어졌다.

잠시 충격에 휩싸여 정적이 흘렀다.

'우르릉 쾅쾅! 후둑후둑 후두둑.'

천둥소리가 나더니 곧이어 비가 내리기 시작했다. 어둡고 축축한 기운이 곧 실험실을 뒤덮었다.

"야, 너 때문이잖아."

"네가 놀리지만 않았어도 이런 상황은 없었어."

해듬이가 이 상황을 어찌해야 하나 고민하는 사이 오필이와 남자아이는 서로를 탓하며 싸우기 시작했다.

그때 실험실 문이 열렸다.

"뭐야?"

할아버지가 옷에 묻은 비를 털어 내며 들어왔다. 할아버지의 목소리를 따라 아이들은 고개를 돌렸다.

"어…… 어…… 괴, 괴물이다!"

남자아이는 겁에 질려 소리치며 뛰어나갔다.

"하, 할아버지. 그러니까 그게요……."

"됐다. 도시락이나 놓고 가라."

해듬이가 변명이라도 해 보려는데 할아버지는 돌아서며 빗자루와 쓰레받기를 집어 들었다.

해듬이는 조용히 실험실을 빠져나왔다. 오필이도 따라 나왔다.

"너희 할아버지시니? 얼굴이……."

수다쟁이 오필이가 말끝을 흐렸다.

"그냥 사고야. 할아버지는 괴물이 아니야."

해듬이는 짧게 대답했다. 그토록 무섭고 어려운 할아버지인데 오늘은 처음으로 할아버지가 안쓰럽게 느껴졌다.

저녁이 되었다.

"할아버지. 죄송해요."

해듬이가 긴장된 마음으로 먼저 말을 건넸다.

"흠……. 그만 올라가 봐."

할아버지는 회초리를 들지도, 뭐라고 혼을 내지도 않았지만 잘못했다는 말에 대꾸도 없는 것이 해듬이의 마음을 더욱 무겁게 했다.

해듬이는 2층으로 무거운 발걸음을 옮겼다.

"해듬. 할아버지가 많이 화나셨나 봐."

클리욘이 나지막한 목소리로 말했다.

"해듬아, 자니?"

그때 갑자기 방문이 열리면서 할머니가 들어왔다.

"숨어!"

클리욘은 재빨리 해듬이의 필통 속으로 들어갔다.

"아, 아니요."

퀴즈 2

길이의 단위, mm, cm, m, km의 편리한 점은 무엇일까요?

과학사에서

"낮엔 너도 많이 놀랐지?"

할머니가 안쓰러운 표정으로 해듬이를 바라보며 물었다.

"갑자기 아이들이 뛰어들어서……. 어쨌든 제 잘못이에요. 죄송해요, 할머니."

"에그, 착한 우리 손자. 아까 그 일로 실험 도구가 망가지고 깨져서 몇 가지를 새로 사야 하신대. 실험 도구를 사러 과학사에 가려면 많은 사람들을 마주쳐야 하는데 그게 싫으신가 봐. 어쩌겠니. 며칠 지나면 괜찮아지실 거야."

해듬이는 할아버지의 화를 풀어드릴 방법이 떠올랐다.

"할머니, 그럼 제가 과학사에 가서 할아버지가 필요하신 실험 도구를 사다드리면 어떨까요?”

 “해듬이 네가? 어린 네가 혼자 길을 헤매면 어떡하니? 할머니는
발목 때문에 같이 가 줄 수도 없는데…….”

 “할머니, 저도 이제 6학년이에요. 혼자서도 찾아갈 수 있어요.”

 “우리 손자 다 컸구나.”

 할머니는 해듬이의 머리를 쓰다듬어 주었다.

 다음날, 덜컹대는 시골 버스 안.

 해듬이는 하나라도 빠트릴까 봐 할머니가 건네 준 쪽지를 꼼꼼히
읽어 보았다.

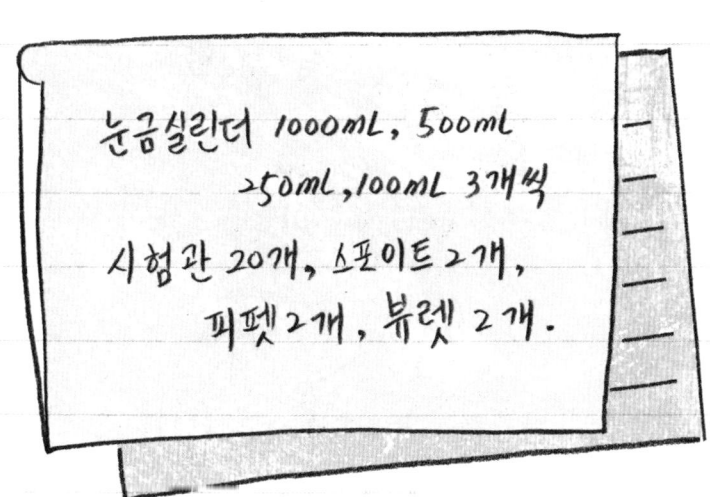

눈금실린더 1000mL, 500mL
      250mL, 100mL 3개씩

시험관 20개, 스포이트 2개,
      피펫 2개, 뷰렛 2개.

"해듬아, 이게 할아버지께 필요한 실험 도구들이야?"

클리욘이 해듬이의 옷깃 아래에 숨어서 고개를 빼꼼히 내밀며 물었다.

"응. 그런가 봐."

그때 버스가 정류장에 잠시 서고, 누군가가 시끄럽게 버스에 올라탔다.

"기사 아저씨, 안녕하세요. 오늘은 날씨가 무지무지 더운 것 같아요."

쉴 새 없이 떠드는 아이는 오필이었다.

잃어버린 단위로 크기를 구하라!

"어라! 너도 이 버스에 탔구나. 읍내에 가니?"

해듬이는 뾰로통하게 창밖만 바라보았다.

"할아버지한테 많이 혼났니? 저번 일은 정말 미안했어."

계속해서 해듬이는 오필이의 말을 못 들은 척했다.

"에이, 너 속이 좁구나? 용서 좀 해 줘."

오필이가 하얀 이를 드러내며 싱긋이 웃었다.

"알았으니 더 이상 방해하지 말아 줄래?"

해듬이가 퉁명스럽게 대답했다.

이번엔 수다쟁이 오필이도 더 이상 말을 못 붙였다.

10여 분 간 버스가 내달린 끝에 읍내에 도착했다. 해듬이는 할머
니가 그려 준 약도를 보고 과학사를 찾아다녔다.

"이 길이 아닌가?"

"너 지금 길 헤매고 있지? 내가 도와줄게. 내가 이래 뵈도 이 동네
는 빠삭하게 알고 있다고!"

언제부터 따라왔는지 오필이가 해듬이의 약도를 낚아채며 말했다.

"아, 목적지가 여기구나?"

오필이가 앞장서서 걸었다. 해듬이는 얼떨결에 오필이를 따라갔다.
과학사는 그 근방에 있었다.

"그, 그래, 이제 가 봐."

해듬이기 말했다.

"나도 같이 가면 안 되니?"

오필이가 물었다.

"뭐라고?"

"우리 선생님이 여기서 실험 도구들을 사 오시는 걸 봤어. 실험 도구들은 진짜 신기한 게 많잖아. 그래서 예전부터 꼭 한번 가 보고 싶었거든."

"안 돼!"

해듬이는 할아버지 실험실에서 일어났던 일을 떠올리며 단칼에 거절했다.

"흠……. 그러면 나도 오늘은 여기 볼 일이 있어서 온 거야. 나 먼저 들어간다."

오필이는 당당하게 과학사 문을 열고 들어갔다.

해듬이는 황당했지만 어쩔 수 없이 따라 들어갔다.

과학사 안은 화학 약품 냄새와 여러 도구들로 가득했다.

오필이는 벌써 이것저것 신기해하며 구경하고 있었다.

"아저씨. 저 이것들을 사러 왔어요."

해듬이가 과학사 아저씨에게 쪽지를 보여드리며 말했다.

"우선 ★ 눈금실린더부터……. 어디 보자, 1000, 500, 250, 100……. 여기 있단다."

> ★ **눈금실린더**
> 액체의 부피를 잴 수 있도록 만든, 눈금이 새겨진 원통형의 시험관

잃어버린 단위로 크기를 구하라!

아저씨는 상자에서 큰 것부터 작은 것까지 여러 가지의 눈금실린더를 꺼냈다.

“네, 감사합니다.”

“그런데 뭘 보고 1000, 500, 250, 100이라고 말하는 거예요?”

오필이가 갑자기 끼어들며 말했다.

“아, 눈금실린더는 5mL(밀리리터)~2L(리터)까지 종류가 다양한데, 보통 많이 쓰는 것들이 이것들이란다. 여기…… 숫자가 보이지?”

아저씨가 눈금실린더의 눈금 위쪽을 가리켰다.

“여기서 앞의 수는 눈금실린더로 잴 수 있는 최대 용량을 나타내고, 뒤의 수는 눈금 하나의 크기를 나타낸단다. 1000, 500, 250,

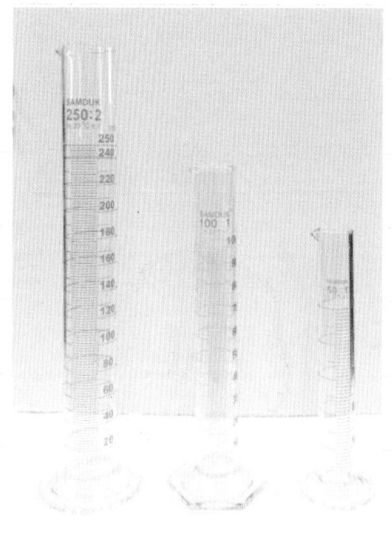

여러 가지 눈금실린더

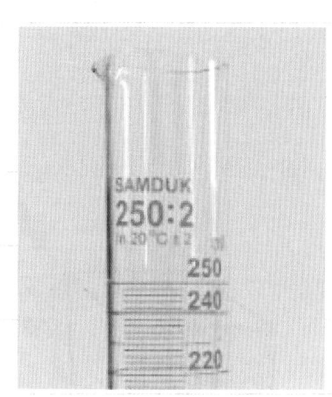

측정 가능한 ——— 250 : 2mL
최대 용량　　　　　　　—— 눈금 하나의
　　　　　　　　　　　　　크기

100은 각각 1000mL, 500mL, 250mL, 100mL 용량의 눈금실린더를 말한 거였어."

아저씨가 머쓱하게 웃으며 말했다.

"아, 알아요. 100mL는 1L와 같은 양이에요."

설명을 하는 오필이는 무척 신나 보였다.

"100mL가 1L와 같다고? 1L는 1000mL야. 너 제대로 못 외웠구나?"

해듬이가 오필이를 한심한 듯 쳐다봤다.

"mL와 L의 관계가 헷갈리나 보구나? 그냥 외우기만 하면 그럴 수 있지."

아저씨가 오필이의 머리를 쓰다듬으며 말했다.

"자, 여길 보거라. 가로, 세로, 높이가 1cm인 정육면체가 있어. 이 정육면체의 부피는 얼마지?"

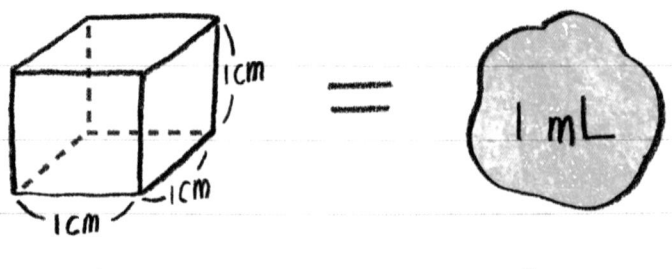

부피 1cm³   들이 1mL

잃어버린 단위로 크기를 구하라!

아저씨는 종이에 정육면체를 그렸다.

"1cm³(세제곱센티미터)예요."

오필이가 대답했다.

"그래, 1cm³만큼의 양이 1mL야. 이건 사람들이 서로 약속을 한 거지. 이번엔 이 정육면체의 한 변의 길이를 10cm로 늘려 볼까?"

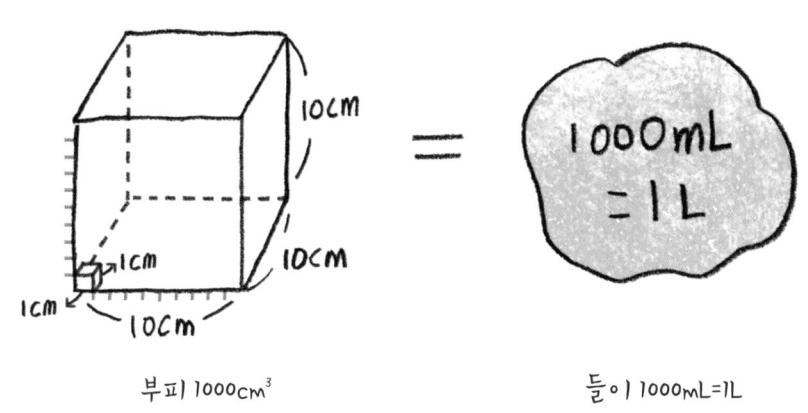

부피 1000cm³   들이 1000mL=1L

그림을 보며 해듬이가 대답했다.

"10cm×10cm×10cm＝1000cm³. 부피가 1000cm³인 정육면체가 되었어요."

"그래, 그리고 이것은 1cm³의 1000배에 해당하는 크기이지. 그러니까 이걸 들이로 나타낸다면 1mL의 1000배, 즉 1000mL에 해당하는 양이야. 이게 바로 1L니고."

77

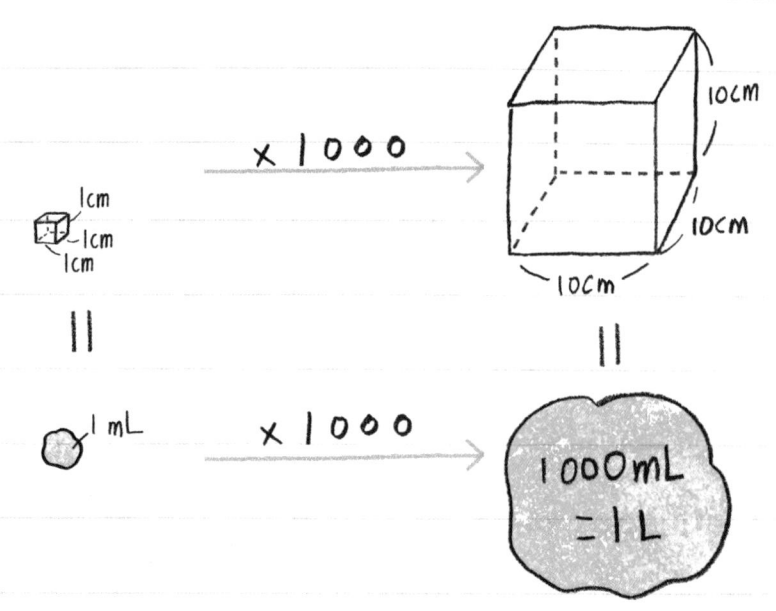

"아, 그러니까 가로, 세로 길이가 1cm에서 10cm로 늘어난 정육면체의 부피를 떠올리면 1L가 1mL의 1000배라는 사실을 기억하기가 쉽겠네요."

해듬이가 말했다.

"이제 진짜 까먹지 않을 것 같아요."

오필이가 머리를 긁적이며 웃었다.

그때 클리욘이 해듬이에게 속삭였다.

"그런데 해듬. 부피 $1cm^3$가 들이 1mL와 같다고 했는데, 그럼 부피와 들이는 같은 거야?"

잃어버린 단위로 크기를 구하라!

해듬이가 낮은 목소리로 말했다.

"음······. 그러니까······. 부피와 들이는······."

해듬이는 학교에서 배웠던 내용을 떠올려 보았지만 명쾌하게 설명할 수가 없었다.

"뭘 그렇게 구시렁대니?"

오필이가 해듬이를 이상하게 쳐다보며 말했다.

"아, 아무것도 아니야. 아저씨, 그런데 부피하고 들이가 같은 거예요?"

해듬이가 재빠르게 아저씨에게 질문했다.

"부피와 들이는 다른 거야. **부피는 입체가 공간에서 차지하는 크기**를 말하는 거란다. 상자, 책장, 공, 이 모든 것들이 부피를 가지고

부피로 크기를 나타내는 경우

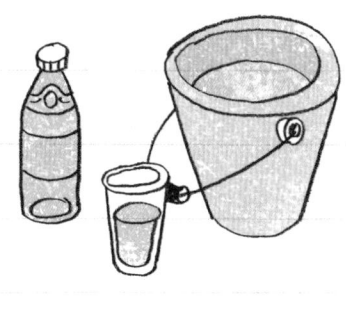

들이로 양을 나타내는 경우

있지. 이번엔 물이나 모래 알갱이를 생각해 보자. 이것들 역시 공간을 차지하고 있지만 형태가 정해지지 않아 그 부피를 재기가 곤란해. 그래서 그릇에 담아 그 양을 재는 거야. **어떤 그릇에 가득 담긴 양. 그게 바로 들이지.**"

"음……. 그러니까 우유 팩 안의 공간이 200cm^{3}일 때, 이 우유 팩을 가득 채운 우유의 양을 200mL라고 하는 것처럼 말이죠?"

해듬이가 할머니가 간식으로 챙겨 준 우유를 꺼내 보이며 말했다.

"정답!"

아저씨가 웃으며 외쳤다.

"자, 이제 나머지 것들을 좀 볼까? 시험관 20개에 스포이트 2개, 피펫 2개, 뷰렛 2개, ……. 너희들 아주 정확한 실험을 하려는 모양이구나?"

아저씨가 시험관, ★ 스포이트와 함께 기다랗게 생긴 실험 도구들을 꺼내며 물었다.

"정확한 실험이요? 아마 그럴 거예요. 저희 할아버지가 좀 깐깐한 분이시거든요. 사실 오늘은 할아버지 심부름으로 이곳에 온 거예요. 그런데 뭘 보고 그걸 아셨어요?"

★ 스포이트
잉크, 액즙, 물약 따위의 액체를 옮겨 넣을 때 쓰는, 위쪽에 고무주머니가 달린 유리관

해듬이가 물었다.

"아, ★ 피펫과 ★ 뷰렛은 들이를 재는 도구 중에서도 아주 세밀한 녀석들이거든."

"이게 피펫, 뷰렛이에요?"

오필이는 아저씨가 꺼내 온 가느다란 실험 도구를 덥석 집어 들며 말했다.

"어어, 조심히 다루렴. 유리로 된 실험 도구는 늘 조심해야지."

아저씨가 오필이를 말리며 말을 이어 나갔다.

"피펫과 뷰렛은 일정한 양의 용액을 덜어 내거나 옮기는 데 사용한단다. 스포이트와 쓰임새가 비슷하지만, 훨씬 세밀하고 정확하지."

"스포이트보다도 세밀하고 정확하다고요? 스포이트는 한 방울씩 떨어뜨릴 수 있는 도구인데요?"

오필이가 못 믿겠다는 듯 물었다.

"그럼! 여기를 보렴. 피펫, 뷰렛이 스포이트와 비교해 관이 훨씬 가늘잖니."

"관이 가늘수록 세밀하고 정확하다는 말씀이신가요?"

해듬이가 조심스럽게 물었다.

"그렇단다. 너희들 아저씨의 말을 못 믿겠다는 표정들인데, 그럼 이것을 한번 보거라."

★ **피펫**
일정한 부피의 액체를 정확히 옮기는 데 사용되는 유리관. 상단에서 액체를 빨아올린다.

★ **뷰렛**
떨어뜨리는 액체의 부피를 측정하는 데 쓰는 실험 기구. 정밀한 눈금이 그려진, 지름이 일정한 관이다. 아래쪽은 가늘고 용액을 작은 방울로 떨어뜨릴 수 있도록 되어 있다.

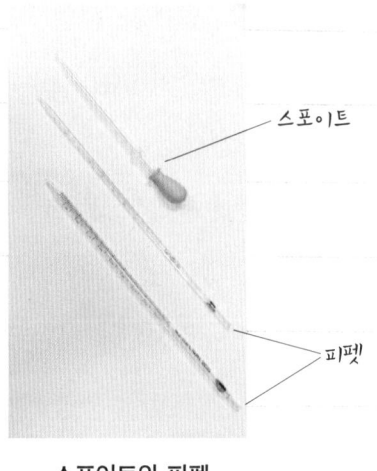

스포이트

피펫

스포이트와 피펫

아저씨는 투명하고 넓은 그릇 2개를 가지고 오더니 거기에 비슷한 양의 주스를 따랐다.

"자, 어느 그릇에 담긴 주스가 더 많아 보이니?"

"음……. 비슷하지만 왼쪽 그릇 쪽이 아주 조금 더 많은 것 같은데요?"

해듬이가 그릇에 담긴 주스를 살피며 대답했다.

"그럼 이번엔 이 넓은 그릇에 담긴 주스를 좁고 긴 유리병에 옮겨 담아 보자."

아저씨는 주스를 2개의 유리병에 각각 옮겼다.

"오! 이번엔 왼쪽 유리병에 담긴 주스가 확실히 많아요."

오필이가 소리쳤다.

잃어버린 단위로 크기를 구하라!

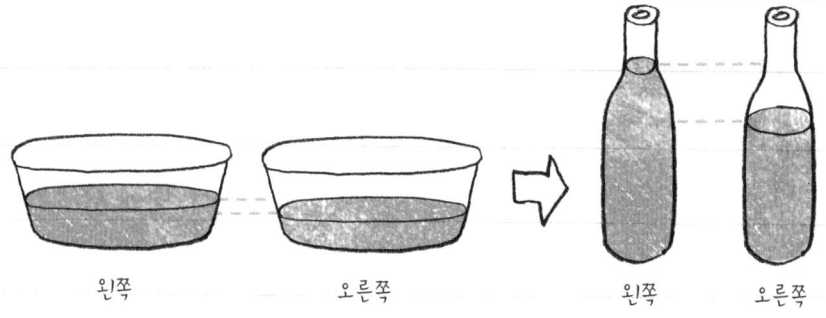

가느다란 용기는 넓은 용기보다
들이의 차이가 훨씬 잘 드러난다.

"그래, 가느다란 용기는 넓은 용기보다 들이의 차이가 훨씬 잘 드러난단다. 그래서 적은 양의 차이도 쉽게 알아볼 수 있는 거지."

"아, 온도계가 가는 관으로 만들어진 것과 같은 원리군요."

해듬이가 고개를 끄덕이며 말했다.

"그렇단다. 비커보다 눈금실린더가, 스포이트보다 피펫, 뷰렛이 더 정밀한 이유이기도 하지."

"그런데 피펫과 뷰렛은 어떻게 사용해요?"

오필이가 물었다.

"피펫은 '필러'라는 도구를 이용해서 액체를 빨아들인단다. 여기 이 고무주머니가 필러야. 먼저 필러를 피펫의 머리 부분에 끼운 다음, A라고 쓰인 부분과 풍선치럼 부풀이 오른 부분을 누른 채, 피펫

83

의 끝이 액체에 잠기도록 한단다. 그리고 S라고 쓰인 부분을 누르면 액체가 피펫 속으로 빨려 들어가지. 그리고 E를 누르면 원하는 만큼 액체를 덜어낼 수 있단다. 마지막에 E의 구멍을 막고 누르면 마지막 한 방울까지 나온단다."

"필러는 스포이트의 고무주머니와 그 역할이 같지만, 훨씬 정교하군요."

해듬이가 턱을 만지작거리며 말했다.

"그럼 뷰렛은요?"

오필이가 물었다.

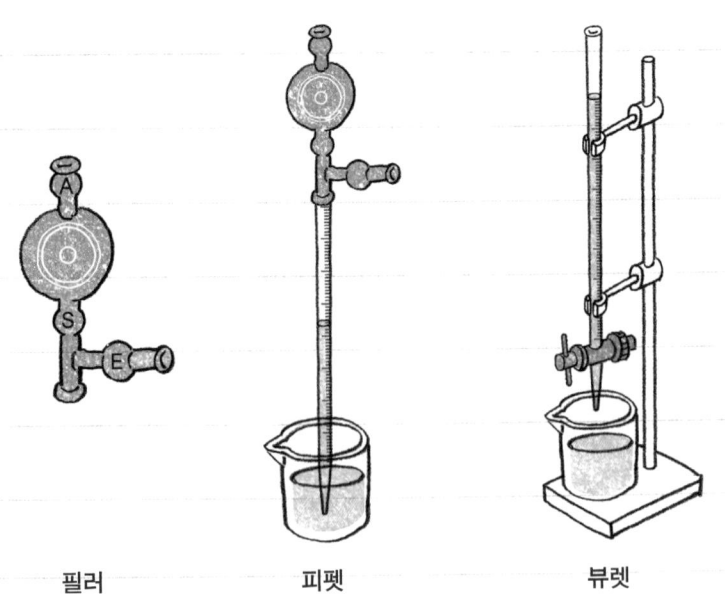

필러   피펫   뷰렛

잃어버린 단위로 크기를 구하라!

"피펫이 스포이트와 같이 액체를 덜어 내어 옮기는 데 사용한다면, **뷰렛은 받침대에 고정해 놓고 일정한 양의 용액을 떨어뜨리는 데 사용**한단다. 먼저 뷰렛을 받침대에 설치한 후, 머리 부분에 깔때기로 액체를 눈금 0에 맞추어 집어넣지. 그리고 여기 달린 밸브를 살짝 열어 주면 액체가 밑으로 떨어지는 거야. 밸브를 이용해서 액체가 떨어지는 양이나 속도를 조절할 수 있단다. 원하는 양만큼 액체를 덜었다 싶을 때 이 밸브를 잠가 주면 돼."

어떤 것을 물어도 척척인 과학사 아저씨는 정말로 똑똑해 보였다.

"우와, 해듬아. 너희 할아버지한테 이것들을 한번 사용하게 해 달라고 부탁해 줄 수 있니?"

오필이가 해듬이에게 졸랐다.

해듬이는 오필이를 뿌리치며 말했다.

"아저씨, 오늘 설명 무척 감사했어요. 전 이만 가 봐야 할 것 같아요. 이 실험 도구들을 상자에 좀 넣어 주시겠어요?"

해듬이는 계산을 마치고 과학사에서 산 물건들을 가지고 나왔다.

과학사 아저씨가 실험 도구들이 깨지지 않도록 뽁뽁이를 사이사이 잘 넣어 주었지만, 상자가 2개나 되어 한꺼번에 옮기기가 쉽지 않았다. 그때 오필이가 상자 하나를 들어 주며 말했다.

"이봐, 내가 따라오기 잘했지?"

오필이는 상자들 들고 버스 정류장을 향해 서먼지 잎서 나깄다.

"해듬아. 그래도 오필이가 참 친절한데?"

클리욘이 해듬이에게 속삭였다.

"친절은 무슨……. 정말 이상한 여자애야."

해듬이는 그렇게 말하면서도 자신의 짐을 함께 옮겨 주는 오필이가 은근히 고마웠다.

집에 돌아온 해듬이는 과학사에서 사온 실험 도구 상자를 할아버지께 드렸다.

"할아버지, 필요하신 것들이 맞는지 모르겠어요."

할아버지는 해듬이와 실험 도구가 들어 있는 상자를 번갈아 보더니 말했다.

"네가 이것들을 사 왔다고?"

할아버지는 상자를 풀어 실험 도구를 하나씩 살펴보기 시작했다.

해듬이는 뒤돌아 2층으로 올라가는 계단으로 걸음을 뗐다.

"고맙다."

해듬이의 등 뒤에서 할아버지의 나지막한 음성이 들렸다.

"네?"

"고생했어. 올라가 봐."

해듬이는 자신이 잘못 들은 게 아닐까 생각했다. 할아버지는 평소에 좀처럼 고맙다, 고생했다와 같은 말을 하지 않는 분이기 때문

잃어버린 단위로 크기를 구하라!

이다.

　2층으로 올라온 해듬이는 클리욘에게 할아버지와 있었던 일을 설명했다.

　"클리욘, 할아버지가 고맙다는 말씀을 하시고는 조금 쑥스러워하시는 것 같았어. 나도 왠지 좀 어색하더라니까?"

　"할아버지가 평소에 안 하던 표현을 하시려니 좀 머쓱하셨나 봐. 어쨌든 이 일로 화가 풀리신 것 같으니 참 다행이다."

　클리욘이 대답했다. 그때 갑자기 클리욘의 무전기에서 삐리삐리 소리가 나기 시작했다.

　"잠시만 기다려 줘. 우리 별에서 무전이 왔어!"

　클리욘은 상기된 얼굴로 한참 동안 무전을 했다. 위니테 별의 말이라 무슨 뜻인지 알아들을 수는 없었지만 매우 흥분한 목소리였다.

　"음……. 좋은 소식 하나와 나쁜 소식 하나가 있어."

　클리욘의 말에 해듬이는 고개를 갸우뚱했다.

　"먼저 좋은 소식부터. 네가 알려 준 길이의 단위를 이용해서 문제를 풀었대! 정답이 아마 116.4cm일 거라고 연락이 왔어."

　"그래? 클리욘, 어서 확인해 보자!"

　클리욘은 마법 종이를 꺼내어 2번 문제 아래에 정성들여 116.4cm라고 썼다. 그러자 어김없이 마법 종이가 반짝였다.

　"해듬! 네 말대로 정확한 단위로 길이의 차이를 표현해야 하는 서였어!"

해듬이는 손가락을 내밀어 클리욘의 작은 손과 신나게 부딪쳤다.

"자, 그럼 이제 나쁜 소식은?"

해듬이가 조심스럽게 묻자 클리욘은 잠시 머뭇거리다가 침을 꼴
깍 삼키며 말했다.

"나쁜 소식은……."

 **퀴즈 3**

들이와 부피의 차이는 무엇인가요?

잃어버린 단위로 크기를 구하라!

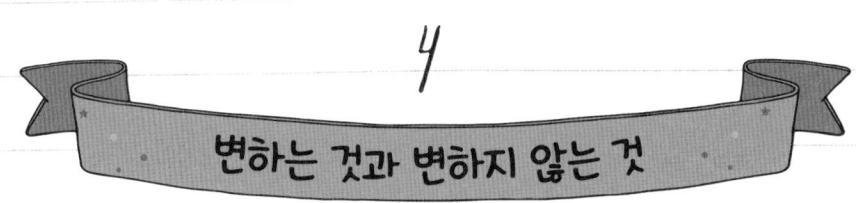

4

변하는 것과 변하지 않는 것

"나쁜 소식은 마녀가 심술을 부려 이제 정답을 확인할 기회를 단 네 번만 주겠다고 한 거야."

클리욘이 한숨을 쉬며 말했다.

"남은 문제가 몇 문제지?"

"이제 두 문제를 풀었으니 남은 문제는 세 문제야."

클리욘이 마법 종이를 들여다보며 말했다.

"단 한 번의 실수만을 허용하겠다는 거구나?"

해듬이의 말에 클리욘은 힘없이 고개만 끄덕였다.

"괜찮아, 클리욘. 지금까지도 잘 풀어 왔잖아. 어서 다음 문제를 풀자."

"세 번째 문제는……."

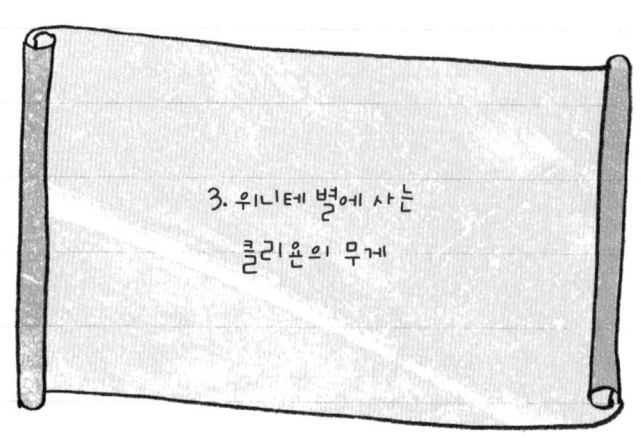

3. 위니테 별에 사는
클리욘의 무게

클리욘에게서 세 번째 문제를 듣자마자 마루에 있는 체중계를 떠올렸으나 그것이 고장났다는 사실도 함께 기억해 냈다.

"클리욘, 걱정할 것 없어. 이건 아주 간단한 문제야. 내가 내일 직접 저울을 만들어서 네 몸무게를 재어 줄게."

해듬이의 말에 클리욘은 안심하며 잠을 청했다.

다음날 오전, 해듬이는 서랍 곳곳을 뒤져 준비물을 모았다.

"자, 받침대, 두꺼운 종이, 집게 핀 2개, 자와 펜, 그리고 가장 중요한 용수철과 추."

"이걸 이용하면 세 번째 문제를 풀 수 있는 거야?"

"그럼, 세 번째 문제는 정말 간단해. 이 물건들로 용수철의 성질을 이용한 저울을 만들 거야. 그리고 그 저울로 네 몸무게를 재면 돼."

"용수철의 성질을 이용한 저울?"

"응. 용수철의 ★ 탄성을 이용하여 무게를 재는 거야."

클리온은 알 수 없다는 표정으로 해듬이가 저울을 만드는 모습을 지켜보았다.

해듬이는 받침대를 세우고 두꺼운 종이를 집게 핀으로 고정했다. 그리고 가운데 용수철을 달더니 이내 저울을 완성했다고 하였다.

★ **탄성**
물체에 힘을 주면 모양이 변형되었다가, 힘을 제거하면 다시 원래대로 되돌아오려는 성질. 용수철은 탄성을 가지고 있다.

"이게 용수철을 이용한 저울이야? 이걸로 무게를 어떻게 재는데?"

"응. 잘 봐."

해듬이는 용수철의 끝부분에 0이라고 썼다.

"지금은 아무것도 매달려 있지 않은 상태야."

그리고 용수철에 추를 하나 달았더니 용수철이 조금 늘어났다. 해듬이는 늘어난 용수철의 끝에 1이라고 썼다.

"이건, 무게가 20g(그램)인 추를 하나 달았을 때의 길이."

해듬이는 연이어 같은 무게의 추 1개를 더 달고 늘어난 용수철의 길이를 표시했다. 같은 방법으로 추가 4개가 될 때까지 반복했다.

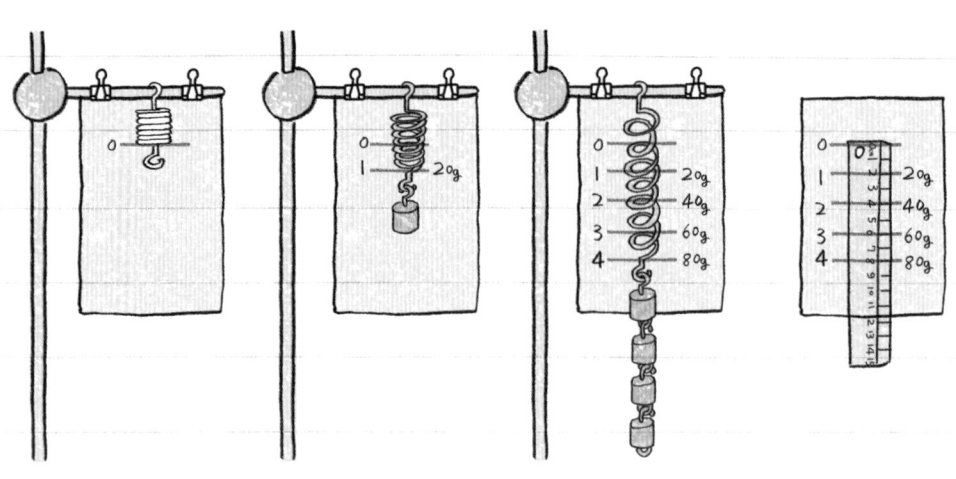

"자, 이제 이 간격을 자로 재어 보자. 흠……. 2cm구나?"

"2cm? 그게 뭘 뜻하는데?"

"그러니까 이 용수철에 어떤 물체를 달았을 때 용수철이 2cm 늘어나면 그 물체는 20g이라는 소리야."

추의 개수	무게	용수철의 늘어난 길이
1	20g	2cm
2	40g	4cm
3	60g	6cm
4	80g	8cm
5	100g	10cm

잃어버린 단위로 크기를 구하라!

"아, 그럼 4cm가 늘어나면 40g, 6cm가 늘어나면 60g이겠구나?"

"맞아. **무게가 2배, 3배가 되면 용수철의 길이도 2배, 3배로 일정하게 늘어나는 거야.** 자, 그럼 클리온 네 몸무게를 재어 볼까? 어서 용수철에 매달려 봐."

클리온이 씩 웃더니 이내 점프를 해서 용수철에 달랑달랑 매달렸다.

"몇 cm야?"

"음, 6cm."

"6cm? 그럼 내 몸무게는 60g이겠구나."

"맞아. 어서 마법 종이에 정답을 써 보자."

해듬이와 클리온은 서둘러 마법 종이를 꺼냈다.

"자, 세 번째 문제의 정답은 60g. 마법 종이야, 반짝여라!"

하지만 마법 종이는 아무런 반응이 없었다.

"해듬아, 마법 종이가 반짝이지 않아."

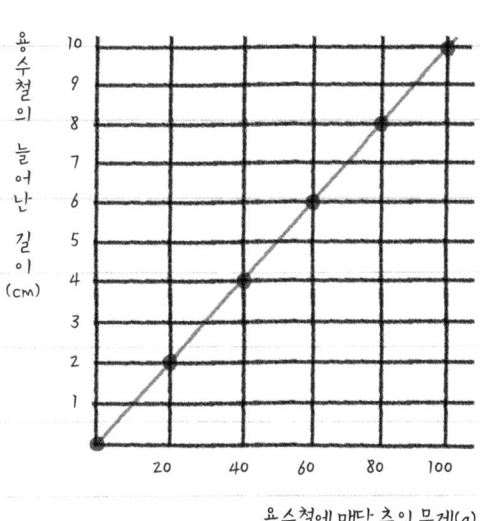

물체의 무게가 늘어남에 따라
용수철의 길이도 늘어나게 된다.

"이상하다. 틀림없이 60g인데……."

해듬이가 당황하며 말했다.

"이제 한 번만 더 실수를 하면 위니테 별의 단위는 영영 잃어버리게 돼. 어떡하지?"

클리욘이 울먹거리며 말했다.

"흠, 내가 만든 저울이 정확하지 않을 수도 있어. 우리 주방으로 가 보자. 할머니가 요리할 때 쓰시는 주방용 저울이 있을 거야."

해듬이는 클리욘과 함께 주방으로 갔다. 평소 같으면 할아버지의 점심 식사를 준비할 시간이라 주방이 분주했을 텐데, 다행히 할머니가 잠시 자리를 비운 모양이었다.

"이게 주방용 저울이야?"

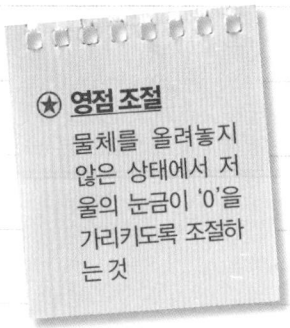

★ **영점 조절**
물체를 올려놓지 않은 상태에서 저울의 눈금이 '0'을 가리키도록 조절하는 것

"응, 이제 ★ 영점을 맞췄어. 할머니가 오시기 전에 빨리 재야 해."

클리욘은 긴장한 표정으로 조심스레 저울의 중앙으로 올라갔다.

"60g. 주방용 저울로 재도 역시 60g이야."

해듬이가 저울의 눈금을 읽으며 말했다.

주방용 저울

잃어버린 단위로 크기를 구하라!

"그럼 해듬이 네가 만든 저울이 잘못된 게 아니라는 소리네."

클리욘이 실망하며 말했다.

"해듬아, 배고프니?"

그때 할머니가 주방으로 오며 물었다.

"아, 아니에요. 그냥 목이 말라서……."

해듬이가 당황하며 식탁 위의 유리컵을 집으려다 그만 놓치고 말았다.

"와장창!"

유리컵은 식탁 아래로 떨어지며 그대로 산산조각이 났다.

"아이고! 다친 데는 없니? 조심 좀 하지 그랬니."

"죄, 죄송해요."

"위험하다. 내가 치울 테니 나가거라. 식탁 위에 도시락 있지? 할아버지 갖다 드리고 오렴."

할머니는 서둘러 해듬이를 주방 밖으로 내보냈다.

"휴, 들킬 뻔했어."

해듬이의 주머니로 숨었던 클리욘이 나오며 말했다.

"일단 할아버지 점심 도시락을 가져다 드리자."

해듬이도 한숨을 돌리며 집 밖으로 나왔다.

여름 한낮의 피악벹은 그야말로 쨍쨍했디. 세 번째 문제 풀이에

95

4. 변하는 것과 변하지 않는 것

대한 해듬이와 클리온의 열기도 그만큼 대단했다.

"우리가 문제에서 뭔가 놓치고 있는 게 분명해."

해듬이가 심각하게 말했다.

그때 갑자기 불청객이 뛰어들었다.

"해듬아! 어디 가? 또 할아버지 실험실에?"

오필이가 헐레벌떡 뛰어왔다.

"너 오늘은 절대로 나 따라오지 마."

해듬이는 오필이에게 경고부터 했다.

"까칠하기는. 절대 따라가지 않을게. 난 그냥 내 갈 길 가는 거니까 신경 쓰지 말래도."

오필이는 해듬이의 말에 개의치 않고 해듬이에게서 몇 걸음 떨어져 가며 말했다. 그런 오필이가 얄미웠지만 할아버지 점심 도시락을 빨리 가져다 드려야 했기에 해듬이는 걸음을 서둘렀다.

어느덧 할아버지 실험실에 도착했다. 할아버지는 오늘도 무언가에 열중하고 있었다. 자세히 보니 ⊛ 윗접시저울과 ⊛ 분동으로 물체의 무게를 재고 있었다.

"할아버지, 저 왔어요."

⊛ **윗접시저울**

수평잡기의 원리를 이용하여 만든 저울. 저울대의 양끝에 접시를 고정하고 한쪽의 접시에 무게를 재려는 것을, 다른 한쪽의 접시에 추(분동)를 올려놓은 다음 균형이 잡히게 하여 무게를 읽어낸다.

⊛ **분동**

저울로 무게를 달 때, 무게의 표준으로서 사용되는 쇠로 된 추. 100g, 50g, 1g, 500mg, 200mg 등 질량이 새겨져 있다.

잃어버린 단위로 크기를 구하라!

할아버지의 대답이 없자 해듬이가 점심 도시락을 놓고 가려는데 갑자기 오필이가 실험실 문을 열고 들어왔다.

"안녕하세요, 할아버지. 저 대추나무 집에 사는 박오필이에요. 저번에 제 잘못으로 할아버지의 실험실이 엉망이 되었었죠? 정말 죄송해요."

할아버지는 황급히 고개를 돌렸다.

"아! 그리고 민규가 할아버지께 괴물이라고 했던 것도 제가 대신 사과드릴게요. 죄송해요."

"오냐, 알았다."

오필이의 거듭된 사과에 할아버지는 마지못해 대답하는 듯했다. 오필이는 할아버지에게 다가가며 말했다.

"용서해 주셔서 감사해요. 그런데 궁금한 게 하나 있어요. 무게를 재는 도구들이 많은데 왜 윗접시저울을 사용하시는 거예요?"

오필이는 해듬이와 달리 거침이 없었다.

놀란 해듬이는 오필이를 실험실 밖으로 끌어냈다.

"우리 할아버지는 새로운 사람 만나기를 꺼려하셔!"

"왜? 내가 보기엔 혼자라서 늘 외로워 보이시는데? 할아버지께 궁금한 걸 물어본 게 뭐가 나쁘니? 실험실에서 하루 종일 혼자 심심하실 텐데……."

오필이가 낭랑하게 말했다.

"너 진짜 막무가내구나!"

해듬이는 화가 나서 오필이를 남겨 두고 서둘러 집으로 와 버렸다.

저녁 식사 시간, 할아버지가 함께한 식탁은 언제나처럼 긴장감이 흘렀다.

"어휴, 오늘은 날씨가 얼마나 더운지 가만히 있어도 땀이 비 오듯 쏟아지더라고요."

그 긴장감을 조금이나마 덜어 내는 건 늘 할머니다.

그때 전화벨이 울리고 할머니가 전화를 받으러 나갔다.

해듬이는 낮에 있었던 일을 떠올리며 마음을 졸였다. 젓가락으로 반찬 집는 소리가 오늘따라 크게 들리는 것 같았다.

"윗접시저울로 재는 건 무게가 아니라 질량이야. 분동이나 추의 질량과 비교해서 물체의 질량을 찾는 거지."

"네? 질량이요?"

"그래, 질량. 물질의 총량이 질량이야. kg(킬로그램), g으로 나타내지. 무게는 중력에 따라 변하지만 질량은 어디서도 변하지 않는 거야. 그러니까 과학자들이 무게가 아닌 질량을 사용하는 거고."

할아버지의 갑작스런 말에 놀란 해듬이는 할아버지를 바라보았다.

"네 친구가 물어봤잖니."

할아버지는 해듬이와 눈을 맞추지 않고 여전히 식사를 계속했다.

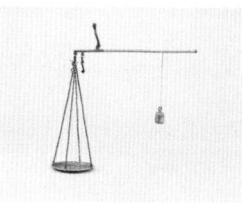

대저울

윗접시저울

〈질량을 재는 도구〉

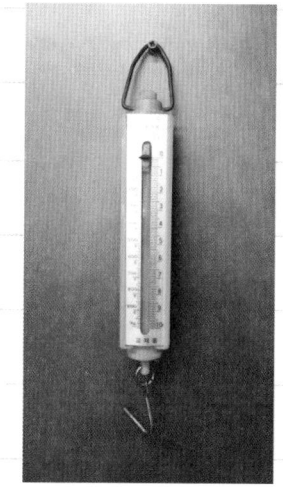

용수철저울

〈무게를 재는 도구〉

할머니가 통화를 마치고 돌아왔다.

"아휴, 고추밭 할멈이네요. 김 영감이 글쎄 오늘 쓰러졌대요. 날
이 더워 그런가……."

식사를 마친 해듬이는 2층 자신의 방에 올라와 생각에 잠겼다.

'할아버지가 기분 상해 하셨을 줄 알았는데 그런 말씀을 하실 줄
이야.'

문득 할아버지가 늘 외로워 보인다던 오필이의 말이 떠올랐다.

'정말 할아버지가 외로우신 걸까? 항상 보는 사람을 멀리하시기

99

만 하는데…….'

"해듬, 무슨 생각을 하는 거야? 빨리 세 번째 문제를 풀어야지."

클리욘이 재촉했다.

"아, 미안. 클리욘, 문제를 다시 한 번 읽어 볼래?"

"문제는 간단해."

"위니테 별에 사는 클리욘의 무게."

클리욘은 문제를 또박또박 읽었다.

그때 해듬이의 머릿속에 무언가가 스쳤다.

"위니테 별? 무게?"

해듬이는 재빨리 컴퓨터를 켰다.

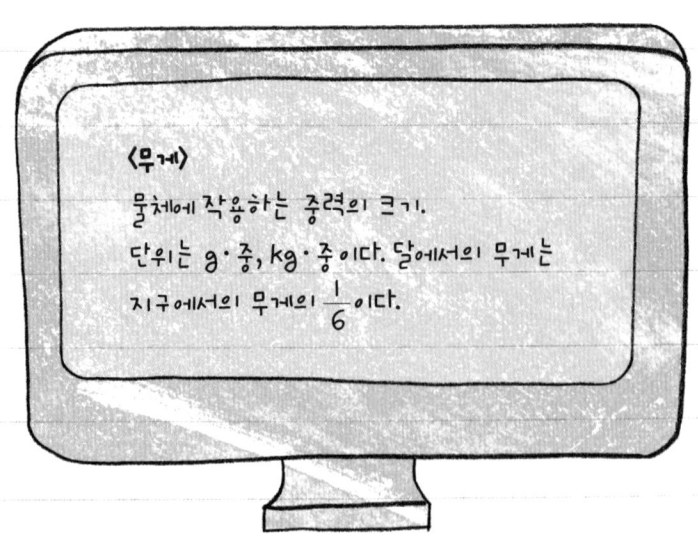

〈무게〉
물체에 작용하는 중력의 크기.
단위는 g·중, kg·중이다. 달에서의 무게는
지구에서의 무게의 $\frac{1}{6}$이다.

읽어버린 단위로 크기를 구하라!

"그래. 질량과 무게는 다른 거야! 무게는 장소에 따라 변하고!"

해듬이가 무릎을 치며 소리쳤다.

"응? 해듬아, 무슨 말이야?"

클리욘이 해듬이를 쳐다봤다.

"클리욘, 아까 주방에서 컵이 왜 깨졌는지 아니?"

"그야 네가 컵을 놓쳤으니까 그렇지."

"맞아. 내가 컵을 놓쳤지. 그런데 그 다음에 왜 그 컵이 다른 방향이 아니라 바닥으로 떨어졌느냐는 말이야."

해듬이의 물음에 클리욘이 고개를 갸웃했다.

"컵은 ★ 중력 때문에 바닥으로 떨어진 거야!"

"중력?"

"응. 중력. 지구가 물체를 잡아당기는 힘. 그 힘의 크기가 무게야."

"무슨 소린지 도통 모르겠어."

클리욘이 머리를 긁적이며 말했다.

"네가 용수철에 매달렸을 때 용수철이 아래로 늘어났던 건 지구가 너를 잡아당기는 힘, 중력 때문이었어. 중력은 모든 물체에 작용하거든."

"그러니까 지구가 나를 잡아당기는 힘의 크기가 내 무게와 같다는 거야!"

> ★ **중력**
> 지구가 물체를 끌어당기는 힘. 지구 상의 모든 물체에 작용한다. 물체의 질량이 클수록 지구가 물체를 잡아당기는 힘, 즉 중력도 크다.

지구상의 모든 물체는 지구가 잡아당기는 힘을 받는다.

클리욘의 물음에 해듬이가 대답했다.

"그렇지! 우리는 아까 중력으로 인해 용수철이 얼마나 늘어났는지를 보고 네 무게를 구한 거야. 지구에서의 네 무게, 60g · 중."

"g · 중?"

"응. 무게의 단위는 g이 아니라 g·중이었어. 여기서 '중'은 아마도 중력을 의미하는 것 같아."

"그럼 단위가 틀린 거구나. 세 번째 문제의 정답은 60g · 중?"

"아니야. 아마 네가 위니테 별에 가서 무게를 다시 재야 할 거야."

잃어버린 단위로 크기를 구하라!

"왜?"

클리욘이 눈을 크게 뜨며 말했다.

"세 번째 문제는 '위니테 별에 사는 클리욘의 무게'잖아. 지구에서 용수철에 매달려 무게를 잰 건 지구가 물체를 잡아당기는 힘을 측정한 거야. 문제에서 '위니테 별에 사는'이라는 말을 붙인 건 위니테 별에서의 무게를 의미할 거야."

해듬이가 차분히 설명했다.

"아하! 위니테 별이 물체를 잡아당기는 힘과 지구가 물체를 잡아당기는 힘이 다른 거구나?"

"그렇지. 달의 중력이 지구의 중력과 다른 것처럼 위니테 별의 중력과 지구의 중력은 다를 테니까 말이야. 클리욘, 세 번째 문제를 풀려면 네가 잠시 위니테 별에 다녀와야 할 것 같아."

해듬이의 말에 클리욘은 이내 심각해졌다.

"그런데 해듬아. 만약 위니테 별이 지구보다 중력이 작다면, 내 무게가 60g · 중보다 작게 나올 텐데, 그럼 나도 더 작아져 버리는 건 아닐까?"

"하하. 클리욘, 할아버지께서 무게는 변해도 질량은 그대로라고 하셨어. 무게는 물체를 잡아당기는 중력의 크기이기 때문에 별마다 다를 수 있지만, 질량은 어떤 물체의 양을 의미하기 때문에 어디서나 변함이 없어. 그러니까 클리욘, 네가 위니테 별에 가더라도 네 질량,

중력은 별마다 다르기 때문에 무게도 별마다 다르다.

지구   달   위니테 별

	지구	달	위니테 별
질량	60g	60g	60g
무게	60g·중	10g·중	??

60g은 변하지 않을 테니까 걱정 마.”

“휴, 다행이다.”

해듬이의 설명에 클리욘은 안도의 한숨을 내쉬었다.

잃어버린 단위로 크기를 구하라!

"그럼 이 용수철저울을 가지고 잠시 위니테 별에 다녀올게. 아마 하루 이틀 정도 걸릴 거야."

클리욘이 짐을 싸며 말했다.

"그래, 조심히 다녀와."

창밖의 밤하늘을 향해 손을 뻗고 주문을 외던 클리욘은 뿅! 하고 사라졌다.

클리욘이 자리를 비우자 해듬이는 이내 쓸쓸해졌다.

'클리욘이 빨리 좋은 소식을 갖고 왔으면 좋겠다.'

해듬이는 기도하면서 잠자리에 들었다.

 **퀴즈 4**

질량 6톤의 아프리카코끼리가 달에 간다면 질량은 어떻게 변할까요? 그리고 무게는 어떻게 변할까요?

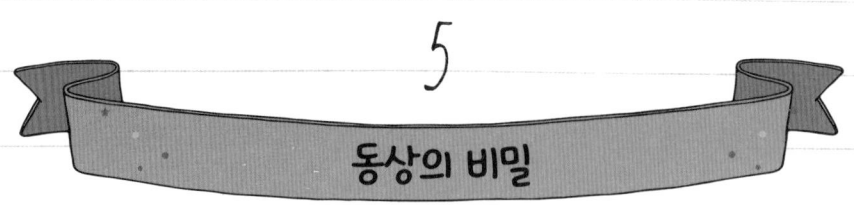

5
동상의 비밀

드디어 클리욘이 오기로 약속한 날이 되었다. 클리욘이 없으니 해듬이는 시간이 아주 더디 가는 것처럼 느껴졌다. 할아버지 점심 심부름을 다녀오며 해듬이는 또 클리욘 생각을 했다.

'언제쯤 돌아올까?'

그때 해듬이의 머리 위에서 갑자기 소리가 났다.

"지금 내 생각 하고 있는 거야?"

해듬이가 깜짝 놀라 머리 위로 손을 뻗어 보니 클리욘이 웃고 있었다.

"돌아왔구나! 세 번째 문제는 어떻게 되었니?"

"하하, 위니테 별에서의 내 무게는 $6g \cdot$ 중이었어. 그걸 마법 종이

잃어버린 단위로 크기를 구하라!

에 썼더니 정답이었고."

"다행이다!"

해듬이도 덩달아 기뻐하며 집으로 돌아왔다.

"그럼 이제 네 번째 문제를 풀 차례구나?"

"응. 그리고 이제부터는 단 한 번의 실수도 해서는 안 되고."

클리욘은 이내 비장한 표정으로 마법 종이를 꺼내 네 번째 문제를
읽었다.

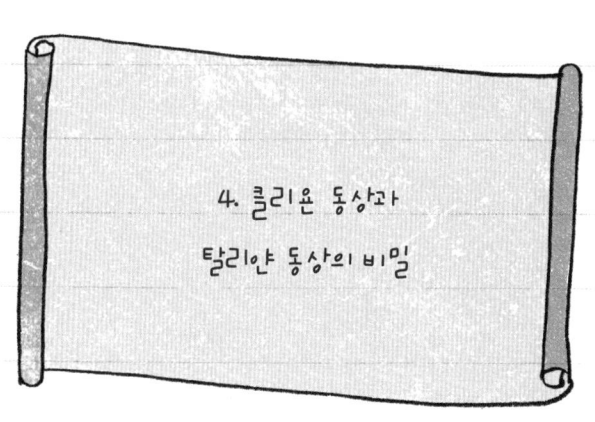

4. 클리욘 동상과
탈리얀 동상의 비밀

"클리욘 동상과 탈리얀 동상?"

해듬이가 물었다.

"응. 탈리얀은 내 쌍둥이 동생이야. 우리가 열 번째 생일을 맞이
하던 날, 아버지는 내장장이 헤파스에게 우리 모습을 본 뜬 황금 동

상을 만들라고 하셨지. 한 달 뒤, 헤파스는 내 동상부터 완성했다며 가져왔고, 다시 한 달 만에 탈리얀의 동상을 가져왔어. 그리고 그 동상들은 지금 위니테 호수를 장식하고 있어. 내가 아는 바는 여기 까지야."

클리욘과 똑같이 생긴 외계인이 또 있다니 해듬이는 신기했다.

"두 동상의 비밀이라면 동상을 만든 헤파스에게 먼저 물어보지 그래?"

"그러려고 했는데 아쉽게도 헤파스는 작년에 세상을 떠났어."

클리욘의 얼굴이 갑자기 어두워졌다.

"흠, 클리욘. 아무래도 동상을 직접 보는 게 좋겠어."

"그래? 좋아, 기다려 봐."

클리욘이 눈을 감고 두 손으로 삼각형을 만들더니 그 안에서 빛이 나왔다. 빛이 번쩍!하고 사라지자 클리욘을 닮은 동상 2개가 해듬 이의 책상 위에 올려져 있었다.

"우와, 신기해!"

해듬이가 감탄하자 클리욘이 '뭘 이 정도쯤이야!'하는 표정으로 으쓱 했다.

두 동상은 쌍둥이를 본떠서 그런지 포즈만 조금 다를 뿐 크기, 색 깔 등 모든 것이 똑같아 보였다.

"그러니까 두 동상 모두 헤파스가 황금으로 만들었다는 거지?"

잃어버린 단위로 크기를 구하라!

클리욘
동상

탈리얀
동상

　"응. 헤파스가 탈리얀의 동상을 가지고 오면서 먼저 만든 클리욘의 동상과 같은 크기로 제작했다고 말했어. 그러니까 두 동상을 만드는 데 들어간 황금의 양도 같다는 거고."

　"흠……. 그럼 크기가 정말 같은지 확인해 봐야겠는 걸? 부피를 재어 보자!"

　해듬이가 연필을 굴리며 클리욘을 바라봤다.

　"헤파스가 거짓말을 했다는 거야?"

　클리욘이 발끈하며 말했다.

　"아니, 혹시 모르니까 하는 말이야. 부피가 같다면 다른 것을 또

확인해 보는 거지. 예전에 아빠하고 목욕탕에 갔을 때 **물이 가득 찬 욕조에 몸을 담갔더니 물이 넘쳤어. 아빠는 그것을 보고 내 몸의 부피만큼 물이 넘치는 거라고 하셨지.** 같은 방법으로 두 동상의 부피를 잴 수 있을 거야."

"해듬. 왠지 이번엔 네가 방향을 잘못 잡고 있다는 생각이 들지만 일단은 널 믿고 따라가 볼게."

영 미덥지 않다는 표정으로 클리욘이 말했다.

"좋아. 부피 확인은 내일 저녁 할아버지 실험실에서야! 할아버지 실험 도구를 사용하면 금방 알 수 있을 거야."

다음날 저녁, 해듬이와 클리욘은 나무 뒤에 숨어 할아버지가 실험실을 나오기를 기다렸다.

"이게 할머니 서랍장 속에 들어 있던 예비 열쇠야."

해듬이가 열쇠를 하나 내보이며 말했다.

곧이어 할아버지가 실험실 문을 잠그고 집으로 향했다.

"이때야."

해듬이는 떨리는 마음으로 실험실 문을 따고 들어갔다.

잃어버린 단위로 크기를 구하라!

"휴, 이제 두 동상의 부피가 정말로 같은지 확인해 볼까?"

해듬이가 유리 장을 열어 눈금실린더 2개와 스포이트를 조심조심 꺼냈다.

해듬이는 먼저 **눈금실린더에 300mL의 눈금 약간 아래까지 물을 채웠다. 그리고나서 스포이트로 물을 조금씩 떨어뜨리며 눈금 300mL를 맞췄다.**

"해듬. 한번에 300mL의 물을 다 넣지 않고 왜 그렇게 하는 거야?"

"눈금실린더에 액체를 넣을 때는 이렇게 마지막에 스포이트로 넣어야 정확하게 양을 맞출 수 있어. 그리고 **눈금을 확인할 때는 눈금실린더를 평평한 곳에 놓고 수면에 눈높이를 맞춰 읽어야 해. 눈의 높이에 따라 읽히는 눈금이 다르거든."**

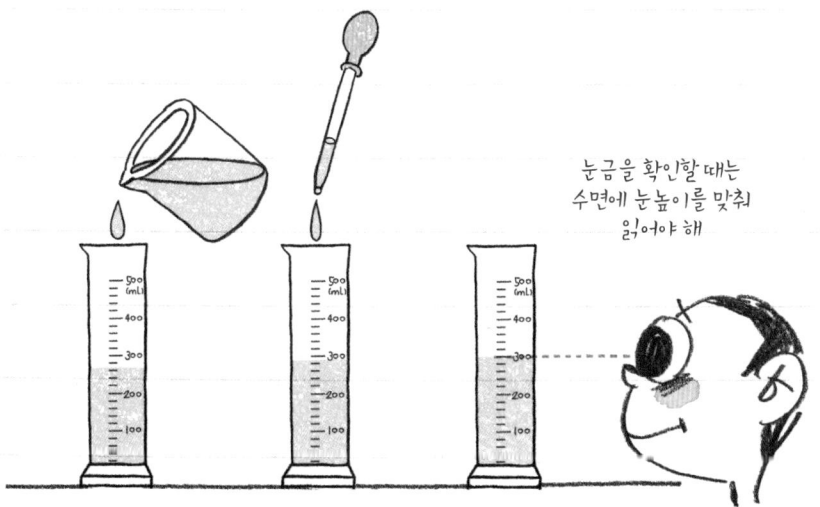

눈금을 확인할 때는
수면에 눈높이를 맞춰
읽어야 해

해듬이가 다른 눈금실린더에도 물을 넣으며 진지하게 설명했다.

"두 개 모두 정확하게 300mL군."

클리욘이 해듬이의 팔에 올라가 수면에 눈높이를 맞추며 읽었다.

"응, 이제 왼쪽에는 클리욘 동상을, 오른쪽에는 탈리얀 동상을 넣는 거야. 하나, 둘, 셋!"

두 동상이 퐁당! 소리를 내며 눈금실린더 안으로 들어갔다. 두 눈금실린더는 똑같이 305mL로 늘어났다.

해듬이는 의외라는 듯 말했다.

"어라, 물 높이가 같네?"

"거봐. 두 눈금실린더 모두 눈금이 5mL씩 올라갔어. 이건 두 동상의 부피가 $5cm^3$로 같다는 말이잖아. 역시 헤파스는 충직했어. 거짓말을 했을 리 없다니까."

클리욘이 투덜댔다.

"흠. 그럼 이제 뭘 확인하지?"

"뭐, 동상의 촉감? 온도? 색깔? 냄새? 맛? 아이 참, 해듬아. 동상에는 특별한 차이가 없어."

"아, 무게! 무게를 비교해 보자!"

해듬이가 벌떡 일어나며 소리쳤다.

"무게? 부피가 똑같으면 당연히 무게도 똑같겠지."

"어제도 말했지만, 혹시 모르니까 확인하는 차원에서……."

잃어버린 단위로 크기를 구하라!

해듬이는 실험 도구 선반에서 양팔저울을 꺼냈다.

"이게 뭐야?"

클리욘이 물었다.

"양팔저울. 두 물체의 무게를 비교할 때 쓰는 저울이야. 어디 보자, 접시의 위치와 중심을 맞추고……."

해듬이는 두 동상을 각각 왼쪽, 오른쪽 접시에 조심스럽게 올려놓았다. 그러자 놀랍게도 저울의 팔이 클리욘 동상 쪽으로 기울었다.

"이것 좀 봐! 무게가 달라! 클리욘 동상이 탈리얀 동상보다 더 무거워! **저울이 기우는 쪽의 무게가 더 무거운 거거든.**"

동상의 무게를 확인한 클리욘이 물었다.

"부피는 같은데 무게가 다르다? 해듬. 이게 뭘 의미하는 거야?"

"글쎄. 여기서부터는 나도 생각을 좀……."

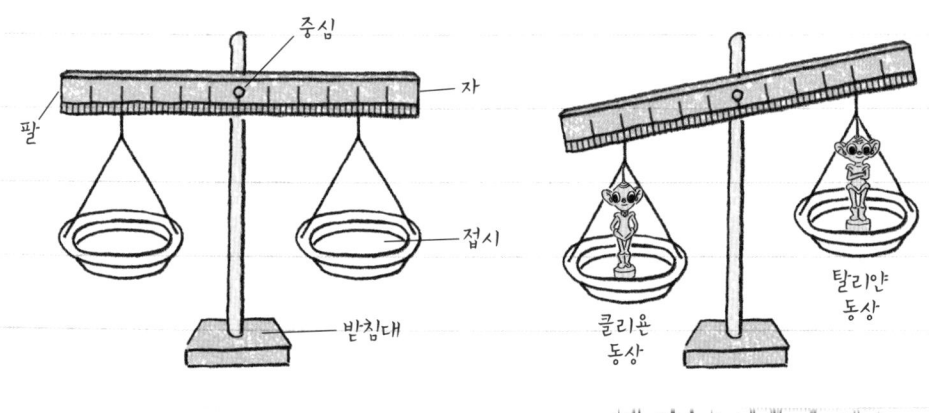

양팔저울은 무거운 쪽으로 기운다.

삐그덕.

그때 문이 열리는 소리가 들렸다.

"누구냐?"

할아버지의 목소리가 들렸다.

"이크, 클리욘, 빨리 빨리."

클리욘은 재빠르게 해듬이의 바지 주머니 속으로 숨어들었다.

"해듬이냐? 아니, 네가 여길 왜……."

"아, 아니. 그게 그러니까요, 할아버지. 음……. 궁, 궁금한 게 있어서……."

"궁금한 것?"

해듬이는 자기도 모르게 변명을 하기 시작했다.

"네, 그러니까 궁금한 것을 연구해 오는 게…… 방, 방학 숙제예요. 그걸 해결하려다 보니 할아버지 실험 도구가 필요해서……."

"그럼 여긴 어떻게 들어온 게냐? 내가 분명히 문을 잠갔는데……."

"실은……. 할머니 서랍장에서 예비 열쇠를 몰래 가져왔어요."

"열쇠를 네 마음대로 가져오다니 너 정말 큰일 낼 아이구나. 그리고 여기는 위험한 화학 약품이 많은 실험실인 걸 모르느냐!"

할아버지는 큰 소리로 고함을 쳤다.

잠시 정적이 흘렀다. 해듬이는 용서를 빌고 싶었지만, 열쇠를 몰래 가지고 와서 할아버지의 실험실을 마음대로 쓴 것은 정말 큰 잘

못이기에 죄송하다는 말을 할 용기조차 내지 못하고 고개만 숙이고 있었다.

"앞으로 그럴 일이 있거든 할아버지한테 미리 말하거라."

"네?"

해듬이가 깜짝 놀라 물었다.

"궁금한 걸 해결하려면 실험 도구가 필요할 것 아니냐."

할아버지가 한결 차분해진 목소리로 말했다.

"오늘은 늦었으니 이만 집에 가자꾸나."

할아버지의 불호령에 이어 실험 도구 사용에 대한 허락이 떨어지자 해듬이는 그저 얼떨떨했다.

실험 도구를 정리하고 해듬이와 할아버지는 나란히 집으로 돌아왔다. 가로수 길의 작은 풀잎에 여치가 폴짝폴짝 뛰어다녔다.

"할아버지, 오늘 정말 죄송했어요. 그리고 감사드리고요."

해듬이는 용기를 내어 할아버지께 말씀드렸다. 할아버지는 평소와 같이 아무 대꾸도 하지 않았지만, 왠지 오늘만큼은 할아버지가 따뜻하게 느껴졌다.

집에 돌아온 해듬이와 클리온은 다시 문제 풀이에 몰두했다.

"그러니까 정리하면 헤파스가 2개의 황금 동상을 만들어 왔는데, 실제로 확인해 보니 그의 말대로 두 동상의 부피는 같았지만 무게는 다르다는 거야. 그렇지?"

"하지만 똑같은 부피의 황금이 어떻게 무게가 다를 수 있는 거지?"

클리욘이 되물었다.

"그러니까 그 점이 이상하다는 거야. 다른 재료로 만들지 않고서는……."

"그럼 어느 한쪽의 동상이 황금이 아닌 다른 재료로 만들어졌다는 거야? 난 아직 헤파스를 믿고 싶어."

클리욘이 슬픈 목소리로 말했다.

"흠……. 기운 내. 중요한 건 마녀의 문제를 푸는 거니까. 우선은 어느 쪽이 황금으로 만들어진 건지 알아봐야겠어."

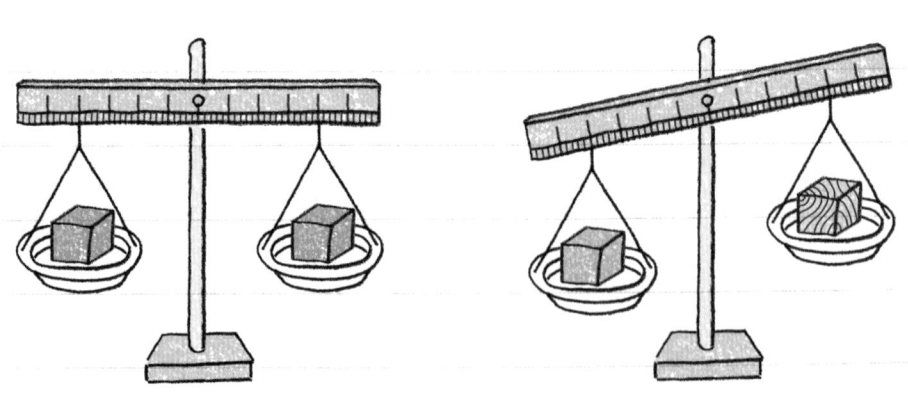

같은 재료로 만들었다면 부피가 같을 경우 무게도 반드시 같다.

잃어버린 단위로 크기를 구하라!

다음날, 해듬이와 클리욘은 읍내에 있는 금은방으로 갔다. 금은방에는 휘황찬란한 금은보석들이 가득했다. 뚱뚱한 주인아주머니는 목과 귀, 손에 화려한 장신구들을 하고 있었다.

"꼬마 손님이 왔네?"

"네. 안녕하세요, 아주머니. 궁금한 게 있어서 여쭈어 보려고 왔어요."

해듬이의 말에 아주머니는 흥미진진하다는 듯이 바라보았다.

"어떤 물건이 금으로 이루어졌는지 아닌지를 알아보려면 어떻게 해야 하나요?"

"여러 방법이 있지만 물건의 ★ 밀도를 구해서 금의 밀도와 비교하는 방법이 있지."

"밀도요?"

"그래. 밀도는 물질이 얼마나 빽빽하게 구성되어 있는가를 의미하지. 같은 크기의 상자에 야구공이 가득 차 있는 것과 반만 차 있는 것은 그 빽빽하기에 차이가 있겠지? 그것을 수치로 나타낸 게 밀도야. 예를 들어 부피 $1cm^3$를 기준으로 했을 때 물질의 질량이 몇 g인가처럼 말이야. 밀도는 물질마다 고유한 값을 갖는단다. 예를 들어 금의 밀도는 언제나 $14.3g/cm^3$야."

> ★ **밀도**
>
> 물질의 질량을 부피로 나눈 값으로, 물질마다 고유한 값을 지닌다. 단위는 g/mL, g/cm^3 등을 주로 사용한다.

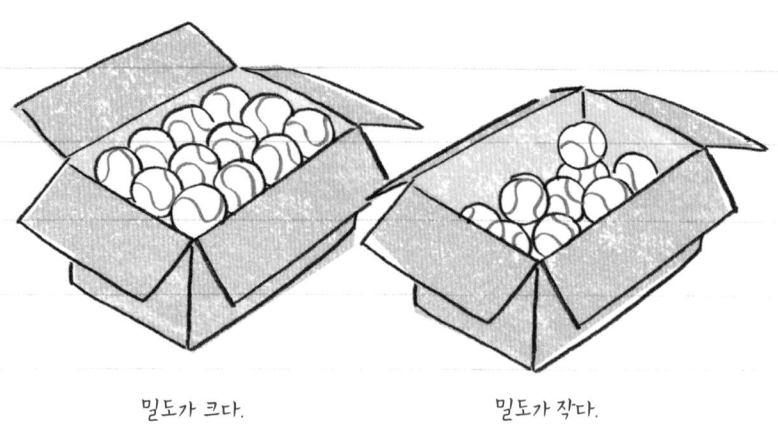

밀도가 크다.   밀도가 작다.

"g/cm^3요?"

"그래, 밀도의 단위야. **밀도는 질량을 부피로 나눈 것이니까.**"

$$밀도 = \frac{질량}{부피}$$

금은방 아주머니의 대답을 들은 해듬이는 준비해 온 메모장에 중요한 내용을 적었다.

"그러니까 어떤 물체의 부피와 질량을 알면 밀도를 구할 수 있다는 말씀이시죠? 어떤 물체의 밀도가 $19.3g/cm^3$이라면 그건 금인 거고요."

해듬이가 아주머니에게 확인했다.

"아이고, 그 녀석 똑똑하구나. 그런데 금을 가지고 있니? 그럼 내

잃어버린 단위로 크기를 구하라!

게 보여 주렴. 확인해 주마."

친절하게 설명은 해 주었지만, 왠지 클리욘 동상과 탈리얀 동상을 보여 줘서는 안될 것처럼 느껴졌다.

"아, 아니에요. 감사합니다."

해듬이는 서둘러 금은방을 빠져나왔다.

"그럼 이제 동상의 밀도를 구하려면 동상의 부피와 질량을 알아봐야겠구나?"

클리욘이 해듬이에게 말했다.

"맞아. 동상의 부피는 어제 눈금실린더로 확인한 결과 $305-300=5$(mL), 즉 $5cm^3$였으니까, 이제 질량만 알아내면 돼."

"그럼 저울이 필요하잖아."

"그건 문제없어. 할아버지께서 실험 도구가 필요하면 부탁하라고 말씀하셨잖아."

해듬이가 웃으며 말했다.

다음날, 해듬이는 실험실로 점심을 가져다 드리며 할아버지께 부탁해 보기로 했다. 사실 클리욘에게는 자신 있게 말했지만 할아버지께 막상 부탁을 하려니 허락하지 않으실까 봐 걱정이 앞섰다.

"할아버지, 저……. 어제 제가 궁금해했던 것을 해결하려고 하는데 혹시 저울을 좀 쓸 수 있을까요?"

"저울?"

"네. 제가 가지고 있는 장난감의 질량을 좀 재어 보고 싶어서요."

"그럼 윗접시저울과 분동이 필요하겠구나. 두 번째 서랍을 열어 보거라."

해듬이는 속으로 안도의 한숨을 내쉬며 서랍에서 윗접시저울과 분동을 꺼냈다. 그리고는 윗접시저울을 평평한 곳에 놓은 후, 영점 조절 나사를 돌려 눈금을 0에 맞췄다.

조심스러운 마음으로 왼쪽 접시에 클리욘의 동상을 올려놓은 다음 손으로 분동을 집으려는 순간, 할아버지가 나직한 목소리로 말했다.

"핀셋을 사용해야지. 손에 묻은 이물질이나 땀도 ★ 오차를 만들 수 있다."

해듬이는 할아버지가 자신의 실험을 지켜보고 있는 걸 의식하니 더욱 긴장되었다.

"네."

해듬이가 핀셋을 이용하여 윗접시에 100g짜리 분동을 올렸더니, 분동을 올린 접시가 '쿵' 하고 내려갔다.

'이크, 100g보다는 가벼운 모양이구나?'

해듬이는 다시 100g짜리 분동을 내리고, 50g짜리 분동 하나와 더 작은 질량의 분동 몇 개를 차례대로 올렸다. 하지만 이번에도 저

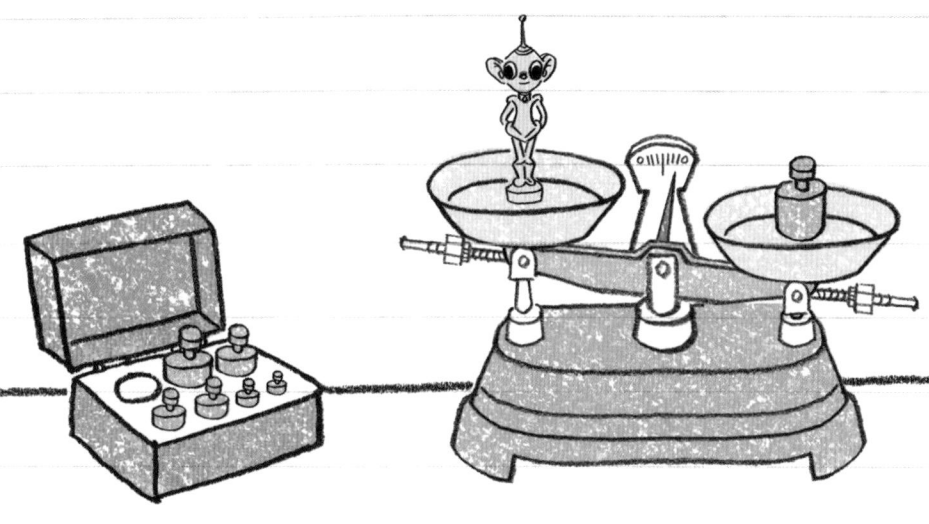

울은 수평을 이루지 않았다. 무게가 다른 분동을 올렸다 내리기를 반복한 결과 클리욘의 동상과 수평을 맞춘 건 50g짜리 분동 1개와 10g짜리 분동 4개, 그리고 1g짜리 분동 6개와 500mg짜리 분동 1개였다.

'클리욘 동상의 질량은 96.5g이구나.'

이번엔 탈리얀 동상을 왼쪽 접시에 올리고 같은 방법으로 무게를 측정했다. 그런데 탈리얀 동상의 질량은 85g이었다.

'됐어!'

해듬이는 실험실을 나오자마자 수첩, 펜과 함께 클리욘을 주머니에서 꺼냈다.

"클리욘! 이제 확신해! 이걸 좀 봐봐."

해듬이는 클리욘을 어깨에 올려놓고 나무 아래에 앉아 수첩에 식을 써 가며 두 동상의 밀도를 구하기 시작했다.

$$\text{클리욘 동상의 밀도} = \frac{\text{클리욘 동상의 질량}}{\text{클리욘 동상의 부피}} = \frac{965g}{5cm^3}$$

$$= 19.3g/cm^3$$

$$\text{탈리얀 동상의 밀도} = \frac{\text{탈리얀 동상의 질량}}{\text{탈리얀 동상의 부피}} = \frac{85g}{5cm^3}$$

$$= 17g/cm^3$$

"두 동상의 밀도가 다르네?"

"그래, 클리욘 동상의 밀도는 $19.3g/cm^3$이고, 탈리얀 동상의 밀도는 $17g/cm^3$이야. 여기서 클리온 동상의 밀도는 금의 밀도와 같지. 그러니까 클리욘 동상은 황금으로 만든 게 확실해."

"그럼 탈리얀 동상은……?"

클리욘이 말끝을 흐렸다.

"그래……. 탈리얀 동상은 황금으로 만든 동상이 아니야. 아마도 헤파스가 황금을 빼돌리기 위해 너희 아버지를 속인 것 같아."

잃어버린 단위로 크기를 구하라!

클리욘은 화가 나 부들부들 떨었다.

"충직했던 헤파스가 어떻게 이런 짓을 할 수 있지?"

"클리욘. 너무 충격적인가 보구나. 그래도 지금이라도 이 사실을 알게 되어 얼마나 다행이니? 그리고 마녀의 문제를 풀 수 있게 되었잖아. 어서 마법 종이에 정답을 써 보자."

클리욘이 한숨을 쉬며 마법 종이를 꺼냈다.

클리욘 동상은 황금으로 만들어졌지만, 탈리얀 동상은 황금이 아닌 다른 금속으로 만들어졌다.

클리욘이 깃털 펜으로 답을 쓰자 예상대로 종이가 번쩍했다.

그때 뒤에서 심술궂은 목소리가 들렸다.

"어! 방금 번쩍한 그거 뭐야?"

✦ 퀴즈 5

가로, 세로, 높이가 3cm인 정육면체 나무 조각의 무게는 10g 입니다. 들이가 20mL인 병을 가득 채우는 물의 무게는 20g입니다. 나무 조각과 물 중 어느 것의 밀도가 더 큰가요?

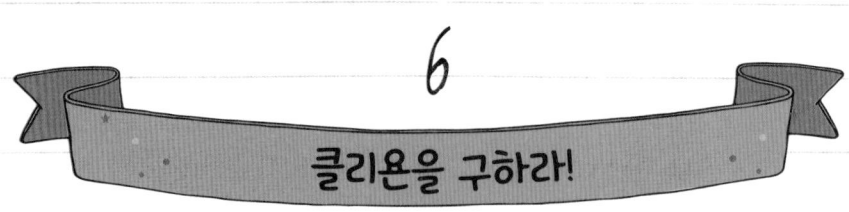

6
클리욘을 구하라!

뒤를 돌아보니 목소리의 주인공은 얼마 전 실험실에서 할아버지에게 괴물이라고 소리쳤던 덩치 큰 남자아이였다.

"어? 괴물의 손자잖아? 너 그거 뭐야?"

해듬이는 서둘러 클리욘을 숨겼다.

"아, 아무것도 아니야. 그리고 우리 할아버지는 괴물이 아니야. 너 사과해, 어서."

"사과? 나 참, 괴물같이 생긴 할아버지한테 괴물이라고 하는데 그게 뭐 어때서 그래?"

"뭐라고?"

해듬이는 화가 나서 자기도 모르게 남자아이의 어깨를 툭 쳤다.

잃어버린 단위로 크기를 구하라!

"너 지금 나 쳤냐?"

남자아이가 해듬이를 째려보더니 큰 덩치에서 나오는 힘으로 해듬이를 밀어 바닥에 쓰러뜨렸다. 그때 해듬이의 주머니에서 클리욘이 툭 튀어나와 바닥에 떨어졌다.

"까불지 마. 이건 내가 가져갈 거야."

해듬이가 일어나는 사이, 남자아이는 클리욘을 냅다 집어 주머니에 넣고는 자전거를 타고 그대로 가 버렸다.

"안 돼! 클리욘을 돌려줘!"

해듬이는 있는 힘껏 소리쳤지만, 남자아이를 붙잡지 못했다.

'큰일 났다. 빨리 클리욘을 찾아야 해! 나 때문에 클리욘이 위험해

졌어.'

해듬이는 어쩔 줄 몰랐다. 어른들에게 자칫 잘못 말해서 클리욘의 존재가 알려지면 큰일이었다.

'아! 박오필! 오필이를 찾아야 해. 오필이는 그 남자아이와 서로 아는 사이니까 도움을 받을 수 있을지도 몰라.'

해듬이는 가로수 길을 지나 마을 곳곳을 뛰어다녔다. 해는 점차 기울어 어느새 노을이 졌다.

다리에 힘이 풀린 해듬이는 울먹울먹하며 냇가에 털썩 주저앉았다.

'클리욘, 미안해.'

그때 거짓말처럼 저 멀리서 오필이가 물수제비뜨기를 하고 있었다.

'어! 오필이잖아!'

해듬이는 큰 소리로 오필이를 불렀다.

"오필아, 박오필!"

"어라? 해듬이네? 네가 웬일로 날 먼저 아는 척하니?"

해듬이는 오필이에게 낮에 있었던 일을 조목조목 이야기했다.

"그런데 너 참 어린애 같구나. 장난감 하나에 왜 그렇게 안절부절 못하니?"

오필이의 말에 해듬이는 유치한 아이가 된 것 같아 억울했지만 비밀을 말할 수는 없었다.

"어, 어쨌든 내게 중요한 물건이야. 찾는 걸 좀 도와줘."

잃어버린 단위로 크기를 구하라!

"알았어. 그러니까 클리욘이 지금 민규한테 있다는 거지?"

"민규?"

"응, 걘 나하고 동갑인 사촌 동생이야. 우리 작은아빠의 아들. 한 집에서 같이 살고 있어."

의외의 관계에 해듬이는 깜짝 놀랐다.

"놀랐겠다. 민규가 원래 좀 그래. 내가 오늘 잘 타일러 볼 테니까 너무 걱정 마."

해듬이는 자신을 위로해 주는 오필이가 마치 다정한 누나처럼 느껴졌다.

"응, 고마워. 그리고 잘 부탁해."

마음을 조금 가라앉힌 해듬이는 집으로 돌아왔다. 낮에 넘어질 때 다리에 난 상처와 멍이 아팠지만, 그보다 클리욘이 걱정되어 잠을 제대로 잘 수가 없었다.

다음날, 해듬이는 약속대로 가로수 길 입구에서 오필이를 만났다.

"오필아, 어떻게 됐어?"

"흠. 민규가 심술을 부리네. 달리기 시합을 해서 네가 민규를 이기면 장난감을 돌려주겠대. 참고로 민규는 우리 학교 달리기 대표 선수야."

"달리기? 난 자신이 없는데……."

해듬이는 다리의 상처를 보며 말했다.

"하지만 괜찮아. 내게 좋은 아이디어가 있거든."

오필이가 해듬이에게 귓속말로 한참을 속삭였다.

그날 오후 클리욘을 건 달리기 시합을 위해 해듬이와 민규, 그리고 오필이가 냇가에 모였다.

"자, 이번 시합은 내가 심판을 맡기로 했어."

오필이가 말했다.

"심판?"

민규가 되물었다.

"응. 경기가 공정하게 진행되려면 심판이 필요하니까."

잃어버린 단위로 크기를 구하라!

"마음대로 해. 보나마나 내가 이길 게 뻔한데 심판이 뭐가 필요하니?"

오필이의 말에 민규가 코웃음을 쳤다.

"자, 이번 시합은 여기서부터 경로당까지 갔다가 다시 돌아오는데, 누가 더 빨리 달리느냐를 가르는 거야. 이기는 사람이 정정당당하게 클리욘을 갖는 거고. 이의 없지?"

오필이가 두 사람에게 동의를 구했다.

"당연하지!"

"으응……."

자신 있게 대답하는 민규와 달리 해듬이의 목소리는 기어들어가는 듯했다.

"자, 그럼 지금부터 경기의 규칙을 설명할게. 지금 이곳에서 출발해서 경로당에 가면 쌀집 할아버지가 계실 거야. 내가 미리 쌀집 할아버지께 연필을 두 자루 맡겨 놓았거든? 너희들은 쌀집 할아버지께 연필을 한 자루씩 받아서 다시 돌아오면 돼."

"알았어, 알았어. 빨리 경기를 진행하자고."

오필이의 설명이 지루하다는 듯 민규가 짜증 섞인 목소리로 말했다.

"그런데 잠깐, 그냥 달리기 시합은 너무 재미없어서 규칙을 하나 더 추가했어. 여기서 경로당까지 가는 길을 선택하는 거야. 되돌아올 때는 두 사람 모두 밭을 가로질러 오고."

오필이가 말했다.

"냇가에서 경로당까지 가는 길? 길은 세 가지가 있잖아. 첫 번째
는 가로수 언덕을 넘어가는 길, 두 번째는 밭을 가로질러 가는 길,
세 번째는 냇가를 둘러 가는 길. 가장 짧은 길을 선택하는 사람이
당연히 이기는 거 아니야? 그건 공정하지가 않잖아."

민규가 따지듯이 말했다.

"민규 넌 그렇게 생각하니? 좋아. 그럼 그 길을 선택하는, 아주
공정한 경기를 하나 더 하자. 음…… 뭐가 좋을까? 물수제비뜨기!"

잃어버린 단위로 크기를 구하라!

"물수제비뜨기? 난 그거 할 줄 몰라."

오필이의 말에 해듬이는 손사래를 치며 말했다.

"그래? 그럼 너 이 시합을 포기하는 거야? 선수는 심판이 정한 규칙을 따라야지."

오필이가 전과 달리 냉정한 목소리로 말했다.

"아, 아니야."

해듬이가 여전히 자신 없는 목소리로 대답하자, 민규는 기세등등해졌다.

"자, 빨리 돌이나 집어. 아니면 심판 말대로 시합을 아예 포기하든지!"

민규의 압박에 해듬이는 어쩔 수 없이 돌멩이를 하나 집어 들어 냇가를 향해 던졌다.

'퐁당!'

해듬이의 돌멩이는 힘없이 냇가로 빠져 들었다.

"하하하. 서울 촌놈. 그것도 제대로 못하냐?"

이번엔 민규가 납작한 돌 하나를 집어 옆으로 휙 던졌다.

민규의 돌은 날쌔게 날아가 냇물의 표면을 차고 올랐다.

"하나, 둘, 셋, 넷, 다섯! 내가 이겼지?"

민규가 비웃듯 해듬이를 바라보았다.

"사, 그럼 이제 내가 실을 먼저 선택하는 거지? 난 낭연히 밭을 사

로질러 가는 길이야. 흙길이라 울퉁불퉁하지만 거리가 가장 짧으니까. 크크크."

민규가 얄미운 소리로 키득키득 웃어댔다.

"자, 해듬아. 그럼 넌 어떤 길을 선택할 거야?"

"난. 멀더라도 냇가를 둘러 가는 길을 선택할게. 가로수 길은 언덕길이라 자신이 없어서……."

해듬이가 낙심한 듯 말했다.

"난 자신이 없어서……. 우헤헤."

민규가 힘없는 목소리로 해듬이를 흉내 내며 놀려댔다.

두 사람은 출발선에 섰다.

"야, 서울 촌놈. 넌 열심히 달려라. 난 달릴 필요도 없겠지만. 킥킥."

민규의 비웃음에 해듬이는 주눅이 들었지만 마음을 가다듬었다.

"준비. 땅!"

오필이의 출발 신호와 함께 해듬이는 있는 힘껏 달렸다. 민규는 그런 해듬이를 비웃으며 콧노래를 부르며 걸어갔다.

"쳇! 제 아무리 눈썹을 휘날리며 뛰어 봤자 날 어떻게 이길 거야? 냇가를 둘러 가는 길이 2배는 더 멀 텐데……. 큭큭."

경로당 앞. 민규가 도착하니, 쌀집 할아버지의 손에는 두 자루의 연필이 들려 있었다.

"큭! 서울 촌놈이 아직 안 온 모양이네! 할아버지, 저 연필 한 자루 주세요."

"허허, 민규가 빨리 왔구나. 여기 있다. 어서 가져가거라."

"하하. 서울 촌놈한테 열심히 뛰라고 전해 주세요. 그럼 난 천천히 산책이나 마저 해 볼까?"

민규는 뒷짐을 지고 여유롭게 걸어갔다.

"서울 촌놈 아직 안 왔지? 아이고, 클리욘인가 뭔가는 이제 내 것이 되겠구나. 흐흐."

민규가 출발 지점으로 되돌아와 발 도장을 '쾅!' 찍으며 말했다.

"자, 박민규 도착. 여기까지 150초 걸렸습니다."

오필이가 초시계를 누르며 말했다.

"100초, 150초가 무슨 소용이냐? 내가 먼저 도착했는데. 서울 촌놈 올 때까지 난 여기서 좀 쉬어야겠다."

민규가 나무 그늘 아래 철퍼덕 앉으며 말했다.

조금 뒤, 해듬이가 땀을 뻘뻘 흘리며 뛰어 왔다.

"황해듬 도착. 3분. 가만 보자……. 그러니까……."

오필이가 돌멩이를 집어 땅바닥에 무언가를 한참 쓰더니 말했다.

"황해듬 승!"

"뭐? 박오필, 너 무슨 소리야? 내가 결승점에 먼저 도착했잖아."

민규가 어울하다는 듯 자리에서 벌떡 일어났다.

"잊었니? 시합의 조건은 경로당까지 갔다가 다시 돌아오는 데, 누가 더 빨리 달리느냐였어."

오필이가 태연하게 말했다.

"그래. 그래서 내가 더 먼저 도착했잖아!"

민규가 목에 핏대를 올리며 소리쳤다.

"먼저 도착이 아니라 빨리 달린 사람이 이기는 시합이라니까?"

"그러니까 빨리 달린 것이 먼저 도착한 거잖아. 너 지금 사기 치는 거야?"

잃어버린 단위로 크기를 구하라!

민규는 얼굴이 시뻘게졌다.

"좋아, 그럼 내가 과학적인 근거를 대 줄게."

오필이가 도저히 안 되겠다는 듯 팔짱을 끼고 설명하기 시작했다.

"난 공정한 심사를 하기 위해 미리 출발 지점에서 경로당을 거쳐 이곳까지 되돌아오는 세 가지 길의 거리를 재 놓았어. 그리고 너희가 여기까지 오는 데 걸린 시간을 이 초시계로 쟀고."

"그래서?"

"그리고 너희들 각자의 속력을 구했지. **속력은 빠르기를 나타내는 양**이거든. 믿기 힘들면 이 책을 봐."

오필이는 책을 한 권 내밀었다.

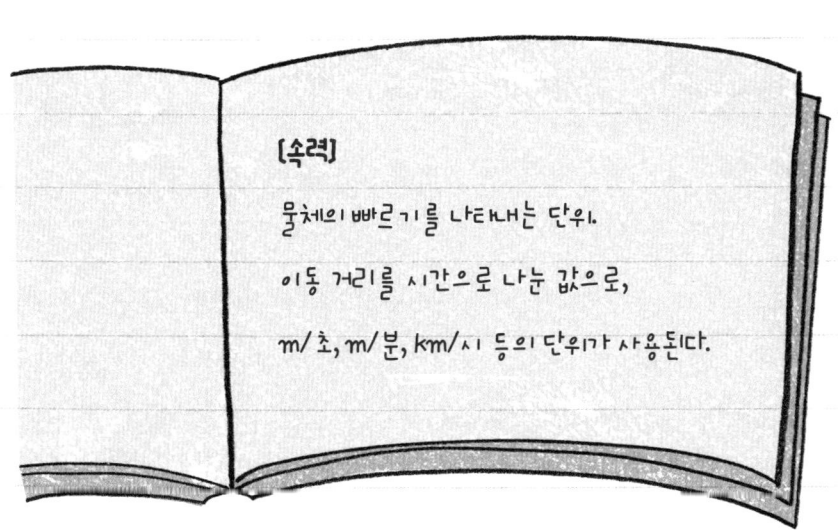

[속력]

물체의 빠르기를 나타내는 단위.

이동 거리를 시간으로 나눈 값으로,

m/초, m/분, km/시 등의 단위가 사용된다.

책을 본 민규는 갑자기 조금 주눅이 들어 보였다.

"그, 그래서?"

"이 책에 나와 있는 속력의 공식에 따라 너희 둘의 속력을 구했지. 못 믿겠다면 같이 한번 해 볼까?"

오필이는 돌멩이를 집어 식을 써 내려갔다.

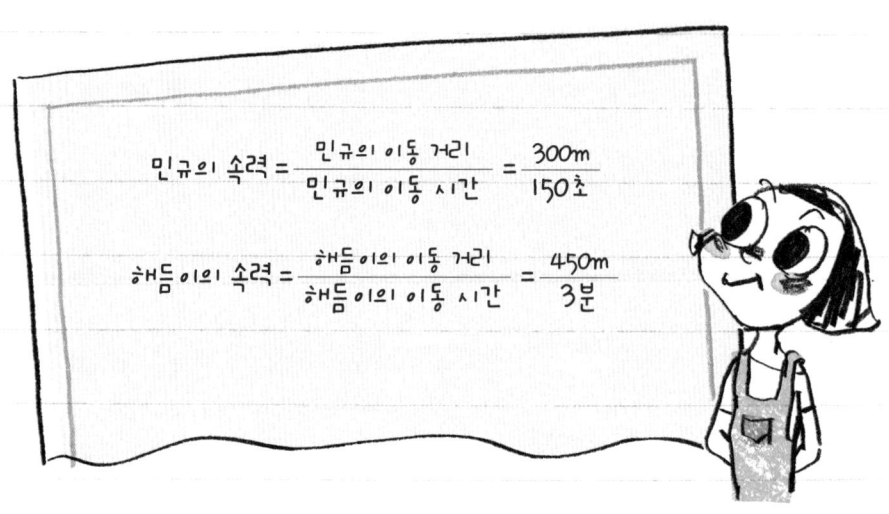

$$\text{민규의 속력} = \frac{\text{민규의 이동 거리}}{\text{민규의 이동 시간}} = \frac{300m}{150초}$$

$$\text{해듬이의 속력} = \frac{\text{해듬이의 이동 거리}}{\text{해듬이의 이동 시간}} = \frac{450m}{3분}$$

"자, 이제 계산하는 일만 남았어. 계산하기 전에 속력의 단위를 생각해 봐야 하는데, **속력의 단위는 거리의 단위를 시간의 단위로 나눈 것으로 표현해. m/초, m/분, km/시 등 다양하게 표현할 수 있지.** 지금은 m와 초를 기준으로 한 m/초로 나타낼 거야. 그러니까 해듬이의 이동 시간 3분을 초로 바꾸자는 이야기야."

잃어버린 단위로 크기를 구하라!

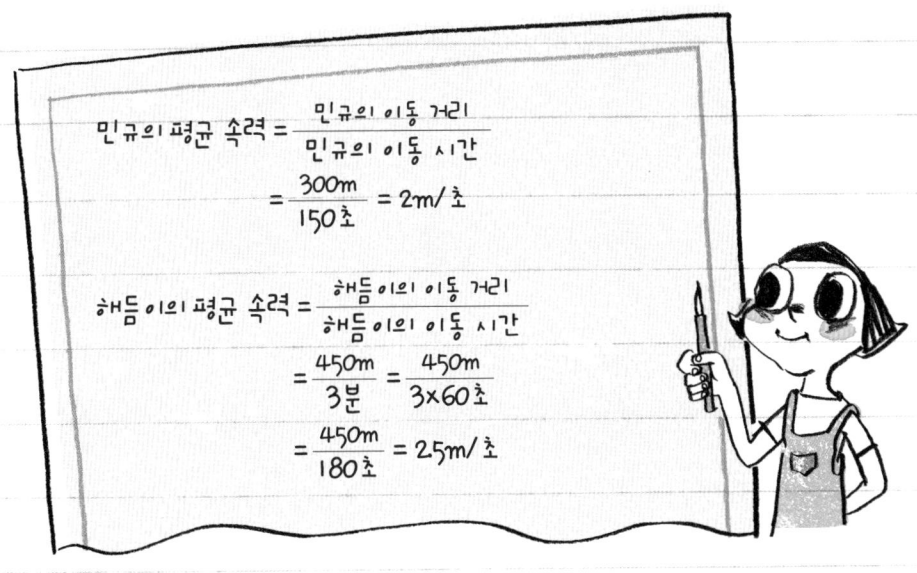

$$\text{민규의 평균 속력} = \frac{\text{민규의 이동 거리}}{\text{민규의 이동 시간}}$$

$$= \frac{300m}{150초} = 2m/초$$

$$\text{해듬이의 평균 속력} = \frac{\text{해듬이의 이동 거리}}{\text{해듬이의 이동 시간}}$$

$$= \frac{450m}{3분} = \frac{450m}{3 \times 60초}$$

$$= \frac{450m}{180초} = 2.5m/초$$

오필이가 열심히 설명하며 식을 계산해 나갔다.

"자, 그러니까 민규는 평균적으로 1초에 2m씩 이동했고, 해듬이 는 1초에 2.5m를 이동했다는 거야. 아주 과학적이지?"

오필이가 설명을 마치자 밭에서 새참을 먹으며 이들을 지켜보던 아줌마들이 한 마디씩 거들었다.

"아이고, 고 녀석 아주 똑 부러지는구나!"

"오늘은 민규가 졌네, 졌어."

분위기가 오필이 쪽으로 기울자 민규는 풀이 죽은 목소리로 말 했다.

"그, 그래도 내가 먼저 도착을 하기는 했잖아."

"아이구, 아직도 이해가 안 가니? 요점은 먼저 도착했다고 해서 빨리 달린 건 아니라는 거야. 아무튼 이번 시합은 민규 네가 졌어. 약속대로 클리욘부터 돌려줘!"

오필이가 민규의 주머니에서 클리욘을 쏙 빼내어 해듬이에게 돌려주었다.

민규는 무안한 나머지 울음을 터뜨렸다.

"으앙!"

"해듬아, 빨리 가. 난 울보부터 달래줘야겠다."

오필이가 해듬이에게 손짓했다.

"으응? 응."

얼떨결에 클리욘을 되찾은 해듬이는 도망치듯 뒷걸음질쳤다. 한참을 걸어 아무도 없는 한적한 길에 와서야 클리욘을 손바닥에 올려놓고 속삭이듯 말했다.

"클리욘! 괜찮니?"

해듬이의 손바닥에서 딱딱하게 굳어 있던 클리욘이 기지개를 펴며 말하기 시작했다.

"어휴, 이틀 동안 장난감 행세를 하느라 정말 힘들었네."

"아! 다행이야. 별일 없었던 거지?"

해듬이는 너무 기쁜 나머지 눈물이 글썽했다.

"응. 너한테 못 돌아오는 줄 알고 걱정했었어. 오필이가 어제 오랫동안 민규를 설득했는데, 그 녀석 꿈쩍도 않더라고."

클리욘의 말을 듣자 해듬이는 급하게 자리를 피하느라 오필이에게 고맙다고 인사도 못 한 것이 마음에 걸렸다.

다음날, 해듬이는 할아버지 점심 심부름을 다녀오는 길에 클리욘과 함께 가로수 길에서 잠시 멈춰 섰다.

"이 시간쯤에 여기를 지나는 것 같았는데……."

30분쯤 흘렀을까, 멀리서 까무잡잡하고 촌티가 흐르는 여자아이가 자전거를 타고 달려왔다.

"오필이다!"

해듬이는 자신도 모르게 오필이를 향해 손을 흔들었다.

"어, 해듬이네? 너 여기서 뭐하니?"

해듬이는 오필이에게 '널 만나기 위해 기다렸어.'라고 말하려니 괜히 쑥스러웠다.

"아. 여, 여기가 나무 그늘이 많고 시원해서……."

"그렇지? 매미 소리도 들리고……."

오필이가 웃으며 말했다.

해듬이는 어느 순간에 오필이에게 고마움을 전해야 할지 몰라 몇 번째 망설이기만 했다.

"안녕! 오필아. 난 클리욘이야."

그때 갑자기 클리욘이 해듬이의 옷깃에서 튀어나와 인사를 했다.

오필이는 깜짝 놀라 원래도 동그란 눈이 훨씬 커졌다.

"클리욘!"

깜짝 놀란 것은 해듬이 역시 마찬가지였다.

"괜찮아. 오필이가 날 해듬이 너에게 돌려주기 위해 무지 애썼잖아. 그동안 오필이를 지켜본 결과, 내 존재에 대한 비밀을 지켜 줄 수 있을 것 같아."

"장, 장난감이 아니었어?"

오필이는 해듬이와 클리욘을 번갈아 보며 물었다.

"놀랐지? 난 장난감이 아니야. 난 위니테 별에서 온 왕자이고, 우리 별은……."

클리욘은 자신이 누구이며 왜 여기에 오게 됐는지, 그리고 지금 해듬이에게 어떤 도움을 받고 있는지에 대해 오필이에게 설명했다.

"아, 그랬구나. 어쩐지 해듬이, 네가 왜 어린애처럼 장난감 하나에 그렇게 목숨을 거나 했어. 이제 조금 이해가 간다. 외계인 왕자와 내가 대화를 하고 있다니 정말 믿기지는 않지만."

오필이는 아직도 얼떨떨한 표정이었다.

"오필아. 어제 내가 해듬이에게 돌아갈 수 있도록 해 줘서 정말 고마워. 해듬이도 너한테 고맙대. 그치?"

잃어버린 단위로 크기를 구하라!

클리욘이 해듬이의 옷을 살짝 잡아당겼다.

"아, 응⋯⋯. 어제 일은⋯⋯. 정말 고, 고마워."

해듬이도 엉겁결에 감사 인사를 전했다.

"히히. 다행이네. 신세를 갚아서."

"신세?"

"응. 저번에 너희 할아버지에게 함부로 말을 걸어서 널 불편하게

만들었잖아."

오필이의 말에 해듬이는 얼굴이 화끈거렸다.

"아! 그, 그건 할아버지는 사람들 만나기를 꺼려하시거든. 그래서 난 할아버지가 혼자 있고 싶어 하신다고 생각했어. 하지만 네 말대로 마음은 늘 외로우셨나 봐. 그날 저녁, 할아버지가 네 질문에 답해 주신 걸 보면 말이야. 갑작스러웠지만 네가 말을 걸었던 게 싫지만은 않으셨던 모양이야."

"그랬구나. 역시 마음의 상처가 깊으신 거였어."

오필이가 고개를 끄덕이며 슬픈 표정을 지었다.

"아, 그런데 어제 시합에서 그런 꾀는 대체 어떻게 낸 거니?"

클리욘이 오필이에게 물었다.

"아, 그건 속력의 공식에 비밀이 숨어 있지."

"속력의 공식? 비밀?"

클리욘이 호기심에 가득 찬 목소리로 물었다.

"응. 내가 경기 전에 '빨리 달린 사람'이 이기는 시합이라고 설명하고 동의를 받아 냈던 건, 애초부터 속력을 승부의 기준으로 하기 위해서였어."

"하지만 민규도 나도 깜빡 속았어. 보통의 달리기 시합은 결승점에 먼저 도착한 사람이 이기니까 말이야."

해듬이가 말했다.

"맞아. 그런데 그건 이동한 거리가 같을 때의 얘기야. **결승점에 먼저 들어온 사람은 같은 거리를 이동하는 데 더 적은 시간이 걸렸다는**

잃어버린 단위로 크기를 구하라!

것이니까 속력도 더 빨라."

"그럼 이동 거리가 다르면 어떻게 되는 거니?"

클리욘이 물었다.

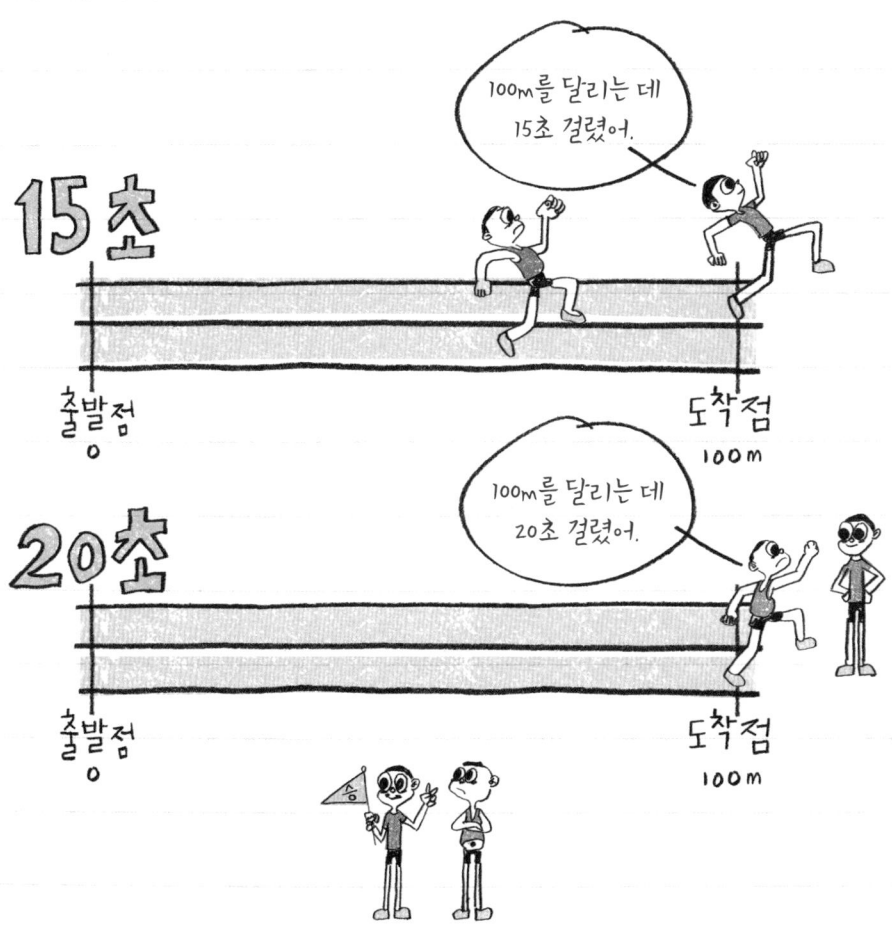

같은 거리를 달릴 때는 시간이 적게 걸린 사람의 속력이 빠르다.

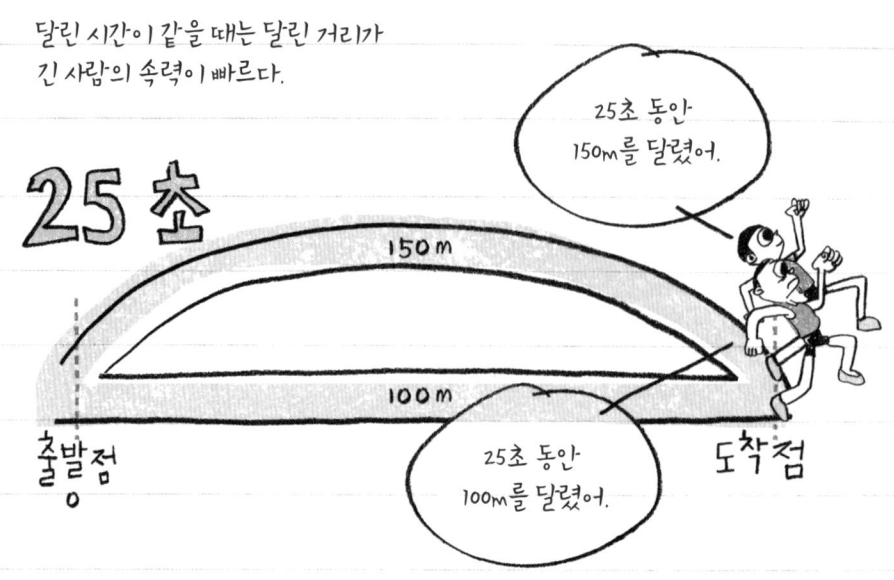

달린 시간이 같을 때는 달린 거리가
긴 사람의 속력이 빠르다.

25 초

150m

100m

출발점

도착점

25초 동안
150m를 달렸어.

25초 동안
100m를 달렸어.

"이동 거리가 다른데, 같은 시간에 결승점에 도착했다면 당연히 이동 거리가 긴 사람의 속력이 더 빠르겠지? 같은 시간에 더 많은 거리를 이동했다는 뜻이니까. 하지만 이동한 시간과 이동 거리가 모두 다르다면, 그때는 속력을 계산해 봐야 아는 거야."

"속력의 공식? $\dfrac{\text{이동 거리}}{\text{이동 시간}}$?"

해듬이는 앞서 오필이가 사용했던 속력의 공식을 기억해 냈다.

"응."

오필이의 설명에 해듬이는 곰곰이 생각하다 이상하다는 듯 물었다.

잃어버린 단위로 크기를 구하라!

이동한 시간과 이동 거리가 모두 다르다면
속력을 계산해 보아야 한다.

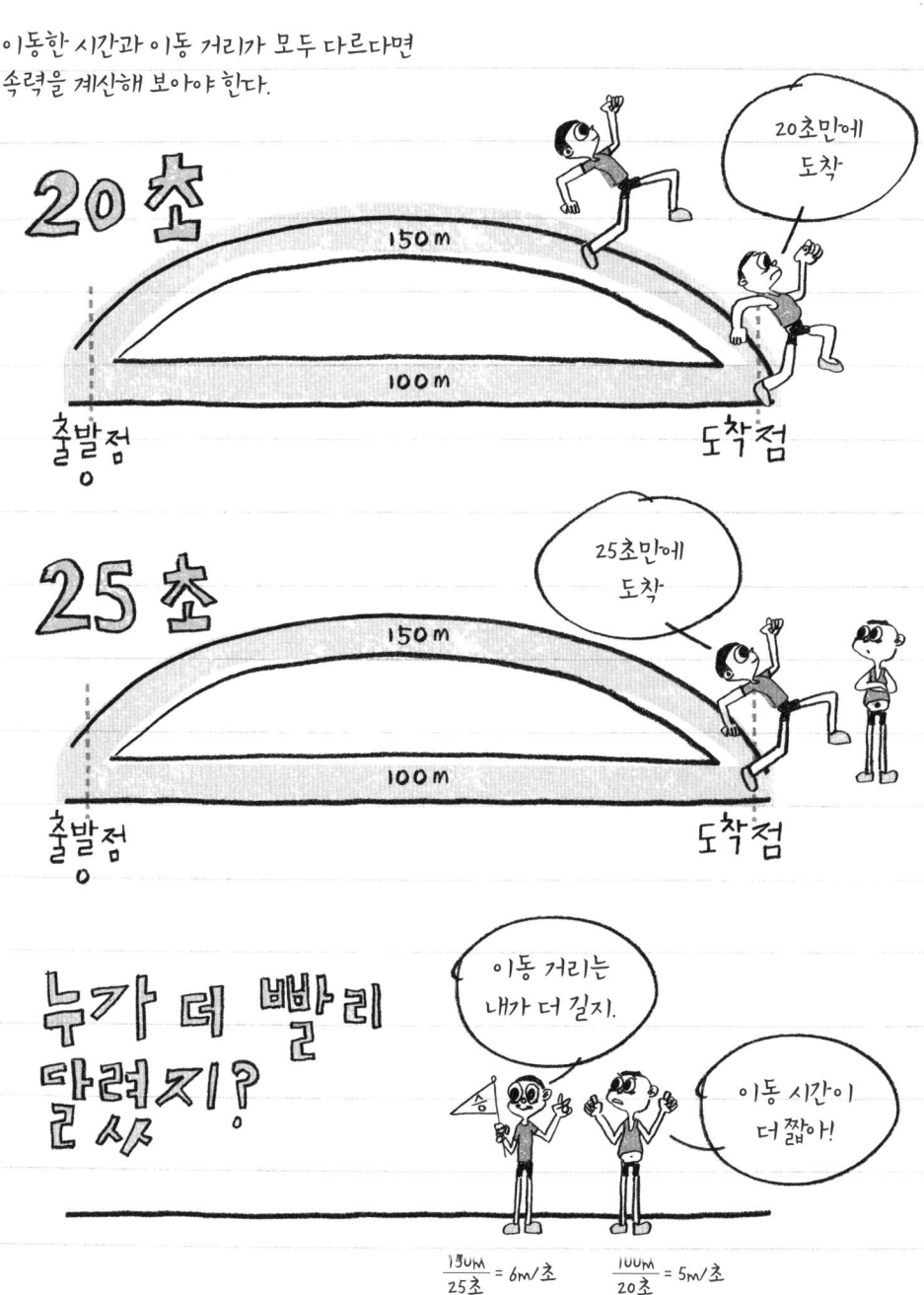

누가 더 빨리 달렸지?

이동 거리는 내가 더 길지.

이동 시간이 더 짧아!

$$\frac{150m}{25초} = 6m/초 \qquad \frac{100m}{20초} = 5m/초$$

145

"그런데 나한테 귀띔해 줄 때, 왜 가장 먼 길을 선택하라고 한 거야? 이동 거리가 길어지면 이동하는 데 필요한 시간도 많아지는 법이잖아."

"그래서 내가 너한테 죽을힘을 다해 열심히 뛰라고 한 거야. 속력의 공식에서 분모에 있는 시간을 조금이라도 더 줄여야 하니까. 그리고 내가 물수제비뜨기로 달려야 하는 길의 선택권을 결정하게 했던 건 민규가 짧은 거리를 선택하게 해서 천천히 달려도 이길 수 있다고 착각하도록 하기 위해서였어."

오필이가 눈을 찡긋하며 웃어 보였다.

"그랬구나. 그런데 넌 시합이 끝나고 나서 내가 이길 줄 알고 있었니?"

해듬이가 물었다.

"당연히 몰랐지. 두 사람의 이동 거리와 이동 시간이 모두 제각각이니까. 그래서 돌멩이로 땅바닥에다 식을 써 가며 계산한 거야. 어휴, 그때 나도 얼마나 마음을 졸였는지 몰라. 혹여나 민규의 속력이 더 빨랐다는 결과가 나올까 봐 말이야. 다행히 민규는 내 꾀에 아주 잘 걸려들었고, 넌 끝까지 열심히 달려서 시간을 많이 단축했어."

해듬이는 이렇게 치밀하게 시합을 계획한 오필이가 정말 달라 보였다.

"너 정말 대단하구나!"

"가끔 1L를 100mL로 착각하기는 하지만, 나도 수학, 과학을 좋아해."

오필이의 말에 해듬이는 화들짝 놀랐다.

"아, 그때는 널 무안하게 만들어서 미안."

"괜찮아. 덕분에 과학사 아저씨께 좋은 설명을 들었으니까 말이야."

오필이는 그저 싱긋 웃어 보였다.

냇가에서 집으로 가는 길에도 이들의 수다는 계속되었다.

"그런데 너희 집은 아주 대가족인가 봐. 작은아빠네 식구들이랑 같이 사는 걸 보면……."

해듬이가 오필이에게 물었다.

"사실 우리 부모님은 내가 아기일 때 사고로 돌아가셨어. 작은아빠, 작은엄마가 잘 해 주시지만 가끔은 외롭기도 해. 기억이 잘 나지 않지만 엄마, 아빠가 보고 싶기도 하고……."

항상 밝기만 하던 오필이에게 이런 사연이 있다니 해듬이는 놀라 아무 말을 할 수 없었다. 그럼에도 불구하고 오필이는 아주 담담하게 자신의 이야기를 했다.

"괜찮아. 그래도 즐겁게 잘 지내고 있으니까. 니도 부모님이 이혼하셔서 따로 살게

됐지만 그래도 부모님이 살아 계시잖아. 힘내!”

오필이는 되레 해듬이를 위로하기까지 했다.

“그런 줄 모르고 내가 함부로 이야기를 꺼냈구나. 미안해. 그리고 사실 우리 부모님은 이혼하신 게 아니라 방학 동안 미국으로 출장을 가신 거야. 그동안 난 할머니 댁에서 지내게 된 거고…….”

해듬이가 사과하며 자신의 사정을 설명했다.

“그랬구나. 넌 참 좋겠다.”

씩씩한 목소리였지만 오필이의 모습에서 외로움이 묻어나는 것 같았다.

집에 돌아와 저녁 식사를 한 후, 해듬이는 자신의 방으로 올라갔다.

해듬이의 방에서 혼자 기다리고 있던 클리욘은 필통 침대에 앉아 먼 산을 바라보고 있었다.

“클리욘, 나 왔어.”

클리욘은 해듬이가 부르는 소리도 못 듣고 계속해서 무언가를 생각하고 있는 듯했다.

“클리욘, 무슨 생각을 그렇게 하니?”

해듬이가 가까이 다가가자 그제서야 클리욘이 해듬이를 올려다보았다.

“해듬. 내가 가만 생각해 봤는데 말이야. 밀도와 속력은 공통점이 있는 것 같아."

클리욘의 뜬금없는 말에 해듬이는 조금 우스웠지만, 그래도 클리욘이 어떤 말을 할까 궁금했다.

"어떤 공통점?"

"단위로 만든 단위잖아. 밀도는 질량과 부피라는 단위로, 속력은 시간과 거리라는 단위로……."

"듣고 보니 그러네."

클리욘의 말에 해듬이가 고개를 끄덕였다.

"해듬. 마녀로 인해 단위를 잃기 전, 위니테 별에도 이렇게 많은 단위가 있었겠지?"

클리욘의 눈빛에 그리움이 가득했다.

"클리욘, 이제 마지막 한 문제가 남은 거지? 어서 풀자. 위니테 별의 소중한 단위들을 하루 빨리 되찾아야지."

해듬이가 클리욘에게 윙크를 하며 말했다.

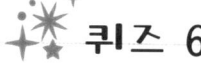 **퀴즈 6**

2시간 동안 220km를 달린 자동차와 1분에 1800m를 달린 치타 중 누가 더 빠른가요?

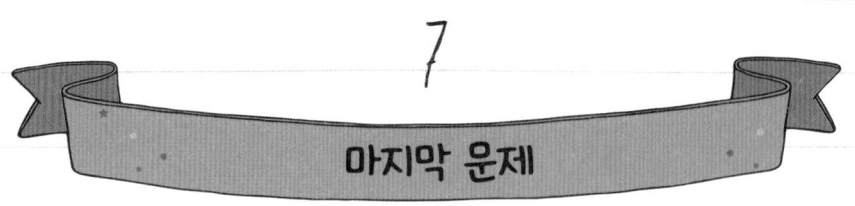

7

마지막 문제

"그러니까 마지막 문제는……."

클리욘이 마지막 문제를 읽으려는 순간, 1층에서 할머니가 해듬이를 부르는 소리가 들렸다.

"해듬아, 해듬아. 어서 내려와 보렴."

"이크, 클리욘. 할머니가 부르시네. 빨리 다녀올게."

"할머니, 무슨 일이세요?"

"미국에서 너희 아빠가 엽서를 보내왔구나."

할머니의 손에는 몇 장의 엽서가 들려 있었다.

해듬이는 반가운 마음에 재빨리 아빠에게서 온 엽서를 받아 한 줄 한 줄 읽어 내려갔다.

잃어버린 단위로 크기를 구하라!

POST CARD.

사랑하는 아들, 해듬이에게!

해듬아, 잘 지내고 있니? 아빠, 엄마는 마지막 일정으로 캘리포니아에 와서 일을 보게 되었어. 이곳은 매우 더워서, 오늘 기온이 무려 100.4도나 되었단다. 하지만 햇빛이 잘 들고 무더운 날씨 덕분인지, 이곳에서 재배되는 과일들은 아주 달고 맛있더구나. 다음에는 우리 아들과 함께 여행을 오면 참 좋겠다는 생각을 했어. 이제 보름 뒤면 한국에 돌아간다. 너를 곧 볼 수 있다고 생각하니, 더욱 더 그리워지는구나. 방학 동안 기억에 남을 만한 일이 있었는지도 궁금하고…… 매일 매일 보고 싶은 우리 아들, 사랑한다.

― 아빠가…

보내는사람:
아빠·엄마

받는사람: 해듬

아빠와 가끔 통화를 하긴 했지만 이렇게 엽서로 소식을 전해 들으니 오늘따라 눈물이 찔끔 나왔다.

"이 녀석, 아빠가 많이 보고 싶은 게로구나."

할머니가 해듬이를 품에 꼭 안아 주었다.

해듬이는 그리운 마음에 엽서를 다시 읽다가 이상한 점을 발견했다.

"그런데요, 할머니. 아빠가 계신 캘리포니아의 기온이 100.4도래요. 36도, 37도만 되도 숨이 헉헉 찰 정도로 더운데 100.4도에 사람이 살 수 있어요?"

해듬이의 말을 듣던 할머니가 웃으며 말했다.

"그러게. 그 정도의 온도면 캘리포니아 사람들은 달궈진 프라이 팬 위를 걷듯 펄쩍펄쩍 뛰어다니겠구나?"

"에이, 할머니. 농담하지 마시고요."

해듬이는 할머니가 자신을 놀리는 듯한 느낌을 받았다.

"허허. 우리 손자가 할머니 농담도 다 알아듣고 똑똑하구나. 100.4도는 아마도 ★ 화씨온도를 말하는 것 같구나. ★ 섭씨온도 38도가 화씨온도로 그쯤 될 것 같은데?"

"화씨온도요?"

해듬이에게는 생소한 단어였다.

"그래, 온도를 나타내는 방법 중에 하나란다. 화씨온도는……."

그때 갑자기 대문 열리는 소리가 들렸다.

"아이코, 해듬아. 할아버지 오셨다. 일단 네 엽서는 숨기거라."

"네? 왜요?"

"나중에 설명해 주마. 아이고, 영감. 오늘은 왜 이리 늦었수."

할머니는 서둘러 할아버지를 마중 나갔다.

해듬이는 할아버지께 인사를 드리고 아무 일도 없었다는 듯 2층으로 올라갔다.

"클리욘, 아빠에게서 엽서가 왔어. 그런데 할머니가……."

해듬이는 클리욘에게 할머니와 있었던 일을 설명했다.

"할아버지가 알면 안 되는 무언가가 엽서에 적혀 있는 게 아닐까?"

클리욘의 말에 해듬이는 다시 한 번 엽서를 읽어 봤지만, 여느 부모님이 자식에게 보낼 법한 평범한 내용이었다.

"에이, 모르겠다. 할머니가 나중에 말씀해 주시겠지, 뭐. 클리욘, 어서 마지막 문제를 풀어야지. 마지막 문제는 뭐라고 적혀 있어?"

해듬이의 말에 클리욘이 다시 문제를 읽기 시작했다.

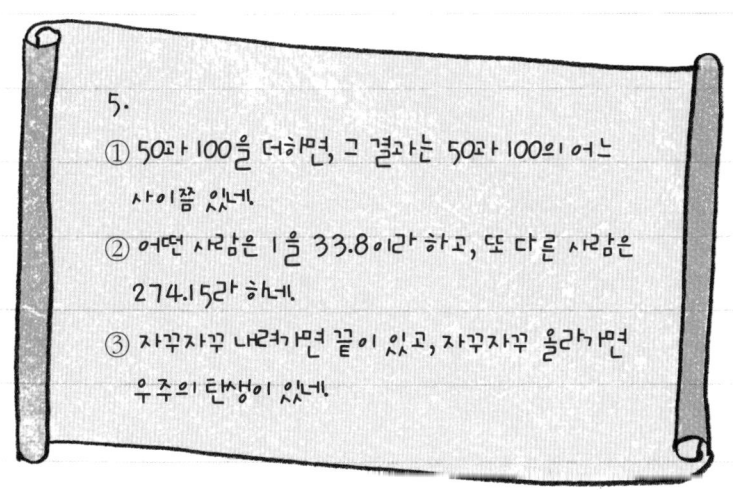

5.
① 50과 100을 더하면, 그 결과는 50과 100의 어느 사이쯤 있네.
② 어떤 사람은 1을 33.8이라 하고, 또 다른 사람은 274.15라 하네.
③ 자꾸자꾸 내려가면 끝이 있고, 자꾸자꾸 올라가면 우주의 탄생이 있네.

"문제가 기네?"

"길 뿐만 아니라 무슨 말인지 이해하기조차 힘들어."

클리욘이 자신 없는 목소리로 말했다.

다시 읽어 봐도 세 개의 문장은 죄다 아리송한 말들이었다.

둘은 이내 고민에 빠졌다. 뭐든 적어서 확인해 보면 좋으련만, 이들에게 주어진 기회는 단 한 번뿐이기 때문이다. 밤이 깊도록 둘은 아무 진전도 없이 시간만 보냈다.

다음날 아침 식사 후, 해듬이는 클리욘을 깨웠다.

"클리욘, 어서 일어나. 마지막 문제에 대해 생각해 봐야지."

클리욘이 피곤한 듯 눈을 비비며 일어나는 순간, 누군가가 방문을 벌컥 열어젖히고 들어왔다.

"해듬아! 클리욘! 나 왔어."

시끄러운 등장의 주인공은 오필이었다.

"어? 오필이 너?"

해듬이가 놀라 물었다.

"빨리 마지막 문제를 풀어야지. 둘보다는 셋이 문제를 푸는 게 더 낫지 않겠어?"

오필이가 자신의 머리를 톡톡 치며 말했다.

"좋아. 해듬. 오필이에게 문제를 설명해 줘."

클리욘은 주저하지 않고 오필이의 도움을 받아들였다. 해듬이는 얼떨결에 오필이에게 마지막 문제에 대해 설명을 해 줬다. 오필이는 어찌나 궁금한 것이 많은지 앞의 네 문제에 대해서도 이것저것 물어봤다. 진지하게 설명을 듣던 오필이가 말했다.

"흠……. 너희 얘기를 듣다 보니 ②는 첫 번째 문제와 비슷한 것 같아."

"응? 무슨 뜻이야?"

해듬이가 물었다.

"그러니까, '어떤 사람은 1을 33.8이라 하고, 또 다른 사람은 274.15라 하네.'라는 것은 똑같은 무언가를 측정했는데, 단위에 따라 1이 될 수도 있고, 33.8이 될 수도 있고, 274.15가 될 수도 있다는 게 아닐까? 첫 번째 문제에서 무엇을 단위로 하느냐에 따라 12칸짜리 초콜릿이 1조각, 2조각, 3조각, 4조각, 6조각, 12조각이 되었던 것처럼……."

오필이의 대답을 유심히 듣고 있던 클리욘이 무언가가 생각났다는 듯 소리쳤다.

"아! 키를 뼘으로 쟀을 때 누구의 뼘으로 재느냐에 따라 달랐던 것처럼?"

오필이가 고개를 끄덕였다.

"오필이 네 말대로라면, 이것은 여러 가지 단위로 측정이 가능한 것이겠구나. 그럼 ①은 무엇을 의미하는 걸까?"

"글쎄. 50과 100을 더하면 150인데……."

해듬이의 물음에 셋은 다시 심각해졌다.

해듬이가 뭔가 생각났다는 듯 말하려는 순간, 1층에서 할머니의 목소리가 들렸다.

"해듬아, 할아버지 점심 가져다 드려야지."

"이크! 깜빡했다. 우리 가면서 이야기하자."

해듬이는 할머니께 도시락을 받아들고 클리욘, 오필이와 함께 할아버지 실험실로 향했다.

"해듬아, 그런데 아까 하려고 했던 이야기가 뭐야?"

오필이가 물었다.

"아침에 할머니가 숭늉을 끓여 주셨는데 말이야. 내가 너무 뜨겁다고 했더니 할머니께서 찬물을 좀 넣어 주셨어. 그랬더니 먹기 좋은 온도가 되더라고……."

"응? 그게 뭐야? 겨우 숭늉 얘기를 하려던 거야?"

클리욘이 실망스러운 듯 말했다.

"아니, 그러니까 내 말은 온도가 정답일 것 같다는 거야."

"아, 알았다! 50℃의 물과 100℃의 물을 섞는다면, 100℃의 물의 열이 50℃의 물로 이동해서 50℃와 100℃ 사이의 중간 온도가 된다는 이야기지?"

잃어버린 단위로 크기를 구하라!

열의 이동

따뜻한 물체와 차가운 물체를 접촉시키면 따뜻한 물체의 열이 차가운 물체로 전달되어 따뜻한 물체의 온도는 점점 내려가고, 차가운 물체의 온도는 점점 올라간다. 시간이 지나 두 물체의 온도가 같아지면 더 이상 열이 전달되지 않는데, 이를 '열평형 상태'라고 한다.

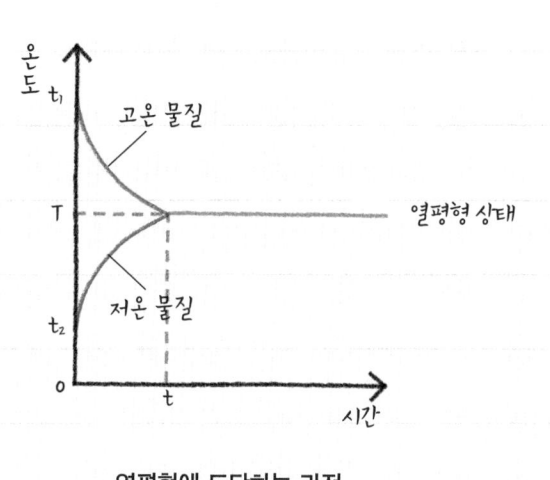

열평형에 도달하는 과정

　

해듬이의 말을 이해했다는 듯 오필이가 신나서 되물었다.

"응. 그리고 어제 할머니께서 섭씨온도 38도가 화씨온도로 표현하면 100.4도 정도 될 거라고 말씀하셨어. 설명을 끝까지 다 듣지는 못했지만……."

"그러니까 온도 단위에 따라 1도가 33.8도가 되거나 274.15도가 될 수도 있겠다는 거구나? 그럼 이것을 어떻게 확인하지?"

클리욘이 머리를 긁적이며 말했다.

"우리 할아버지께 여쭈어 보자!"

오필이가 말했다.

"할아버지?"

해듬이가 놀란 듯이 오필이를 바라보았다.

"할아버지가 저번에 내 물음에 답을 주셨다며? 내 질문이 성가시기만 했다면 그렇게 답을 주셨을까?"

오필이의 말에 해듬이는 망설였다.

"에이, 할아버지는 외로운 분이시라니까. 말동무 해드려야 돼."

오필이가 해듬이의 어깨를 툭 치며 말했다.

어느새 할아버지의 실험실에 도착했다.

"안녕하세요. 할아버지, 오늘은 저도 같이 왔어요."

오필이가 할아버지께 인사했다.

할아버지는 당황한 표정으로 해듬이와 오필이를 번갈아 바라보았다.

"하, 할아버지, 여기 점심……."

해듬이가 할아버지의 점심 도시락을 놓고 뒤돌아서려 하자 오필이가 먼저 입을 열었다.

"할아버지. 해듬이가 할아버지께 여쭤 볼 것이 있대요."

"응? 아! 음……."

해듬이는 당황했고 할아버지는 그런 해듬이를 말없이 바라보았다.

"아, 그러니까 그게요. 화, 화씨온도……."

"화씨온도가 우리가 보통 쓰는 온도와 어떻게 다른지 알고 싶대요."

얼굴이 빨개지고 말을 더듬기까지 하는 해듬이를 대신해 오필이가 질문했다.

아이들의 질문에 할아버지의 얼굴이 급격히 어두워졌다.

'역시 내가 괜한 질문을 했나? 어떡하지? 그냥 대답 안 해 주셔도 괜찮다고 할까?'

실험실은 고요했고, 해듬이는 그 순간 머리 속에 오만 가지 생각이 다 지나갔다.

그때 할아버지가 입을 열었다.

"사람들은 신체의 감각으로 따뜻하다, 차갑다를 느낄 수 있지만, 그런 **느낌만으로 따뜻한 정도나 차가운 정도를 표현하기에는 한계가 많았지.** 똑같은 온도의 물에 대해서 어떤 사람들은 따뜻하다고 하고, 어떤 사람은 뜨겁다고 하는 것처럼 사람들마다 온도에 대한 느낌이 다르거든."

사람들마다 온도에 대한 느낌이 다르다.

할아버지는 해듬이와 오필이의 얼굴을 번갈아 보며 설명을 이어 갔다.

"또 차가운 얼음을 만진 손과 따뜻한 손난로를 만진 손을 같은 온도의 물에 넣었을 때 두 손의 느낌이 다르지. 그래서 사람들은 따뜻하거나 차가운 정도를 정확하게 표현할 방법이 필요했던 거야."

"그게 바로 온도인가요?"

오필이가 물었다.

"그래. 그리고 **온도를 재는 도구가 바로 온도계**야. 오늘날 우리가 많이 쓰고 있는 ⭐ <u>수은</u> 온도계와 알코올 온도계는 17세기 무렵 발명되었단

> ⭐ **수은**
> 상온에서 유일하게 액체 상태로 있는 은백색의 금속 원소. 원자 번호는 80, 원소 기호는 Hg이다. 어느 금속과도 합금이 쉬우며, 온도계, 의료기 등에 쓰인다.

읽어버린 단위로 크기를 구하라!

다. 수은이나 알코올은 온도가 올라가면 부피가 팽창하고, 온도가 내려가면 수축하는 성질이 있는데, 그러한 원리를 이용하여 만들어졌지. 그리고 사람들은 온도계의 눈금을 어떻게 정할 것인지 고민했단다."

할아버지의 말은 차분하고 논리 정연했다. 우리는 할아버지의 설명에 빠져들었다.

"먼저 파렌하이트(D. G. Fahrenheit ; 1686~1736)는 소금물이 어는 온도를 0, 양의 체온을 100으로 하여 수은이 가득 든 유리관에 눈금을 매겼단다. 이것이 바로 화씨온도 단위이지."

"소금물? 양의 체온이요? 기준으로 삼기에는 조금 애매한 것 같은데요?"

해듬이가 말했다.

"그래. 화씨온도는 0이나 100의 기준점이 명확하지 않아 불편했어. 그래서 셀시우스(A. Celsius ; 1701~1744)라는 사람이 새로운 온도 단위를 만들었지. 그게 바로 섭씨온도야. **섭씨온도는 물이 어는점을 0, 끓는점을 100으로 하고 그 사이를 100등분한 것이지.**"

"아, 그게 바로 우리가 평소에 사용하는 온도(℃)군요."

해듬이가 말했다.

"그래. 셀시우스의 이름 첫자를 따서 ℃라고 표기하는 거란다. 화씨온도는 °F라고 쓰는데, 이것은 파렌하이트의 이름을 딴 것이지.

이후, 화씨온도는 불분명했던 처음의 기준을 수정해서 ★ 1기압 상태에서 물이 어는 온도를 32°F로, 물이 끓는 온도를 212°F로 정하고 그 사이를 180등분 했단다."

★ 기압
대기의 압력. 보통 기압은 지상에서 수은(Hg) 기둥 76cm에 해당하므로 760mmHg을 1기압이라고 한다.

"그럼 할아버지, 화씨온도를 섭씨온도로, 섭씨온도를 화씨온도로 바꾸어 얘기할 수도 있나요?"

드디어 해듬이가 마지막 문제를 푸는 데 가장 중요한 것을 질문했다.

"여기 와서 이것을 보거라."

할아버지는 종이에 볼펜으로 무언가를 그렸다.

잃어버린 단위로 크기를 구하라!

"1기압에서 물이 어는점과 끓는점은 일정하기 때문에 화씨온도든 섭씨온도든 수은주의 높이는 똑같지? 물이 어는점에서의 수은주의 높이를 화씨에서는 32°F, 섭씨에서는 0℃로 나타내고, 물이 끓는점에서의 수은주의 높이를 화씨에서는 212°F, 섭씨에서는 100℃로 나타낸 것뿐이란다. 그러니까 섭씨온도 0℃에 +32를 하면 화씨온도 32°F가 된단다."

"그러네요. 하지만 물의 끓는점인 100℃에 32를 더하면 132인데, 실제로 화씨온도는 212°F인데요?"

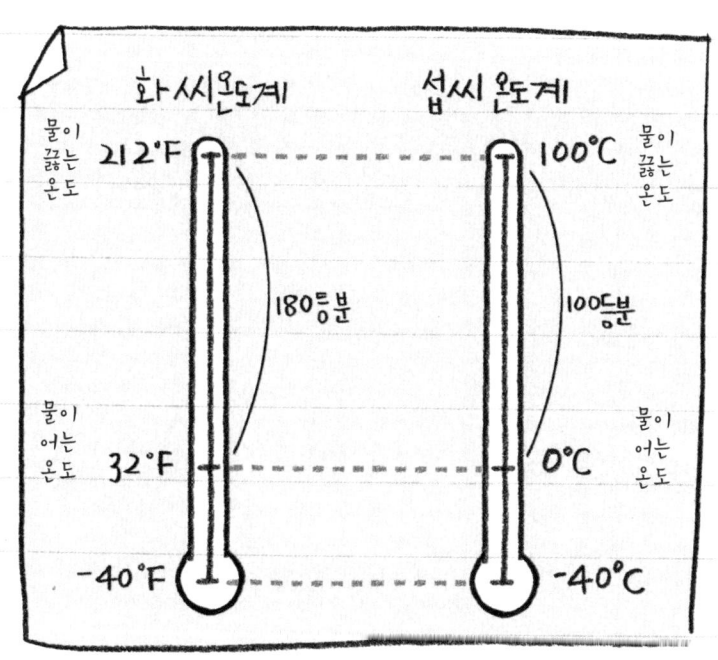

오필이가 이해되지 않는다는 듯 말하자 할아버지는 설명을 계속 이어 나갔다.

"그래, 그건 **물의 어는점과 끓는점의 높이 차이를 화씨온도에서는 180등분 했고, 섭씨온도에서는 100등분 했기 때문**이야. 이것을 비로 나타내면 180:100이 되지. 화씨온도계에서 180칸이 섭씨온도계에서의 100칸과 같다는 의미야. 이것을 간단한 비로 나타내면 9:5이고."

"그러니까 화씨온도계의 9칸이 섭씨온도계의 5칸과 같다는 것이군요?"

"그럼 9:5는 $\frac{9}{5}$:1이니까, 섭씨온도계의 1칸은 화씨온도계의 $\frac{9}{5}$칸이고요."

할아버지의 설명에 오필이와 해듬이가 차례대로 말했다.

"그래서 화씨온도는 섭씨온도에 $\frac{9}{5}$를 곱한 후, 32를 더하는 것이란다."

할아버지는 섭씨온도를 화씨온도로 바꾸는 식을 썼다.

$$°F = \frac{9}{5} \times °C + 32$$

이 식을 해듬이는 자신의 메모장에 옮겨 놓고, 섭씨온도에 1을 넣어 빠르게 계산했다.

읽어버린 단위로 크기를 구하라!

$$\frac{9}{5} \times 1 + 32 = 33.8$$

'맞아! 33.8°F!'

그 과정을 지켜보던 오필이는 해듬이와 클리욘에게 눈을 찡긋했다.

"할아버지, 그럼 섭씨온도나 화씨온도 말고 다른 온도 단위도 있나요?"

예상 밖의 자세한 설명에, 해듬이는 할아버지께 말을 거는 두려움을 잊고 또 다른 질문을 하고 있었다.

"★ 켈빈온도라는 것이 있지. 절대온도라고도 하는……."

"절대온도요? 어서 말씀해 주세요."

오필이가 말했다.

"흠……. 과학자들은 물질이 도달할 수 있는 가장 낮은 온도가 무엇일까 궁금해했어. 그 답은 기체의 온도를 낮추면 계속해서 부피가 줄어드는 현상에서 찾았지. 이 그래프를 보거라."

할아버지는 종이에 그래프를 그렸다.

"이 그래프는 온도와 기체 부피의 관계를 나타낸 것이란다. 그래프에서 가로축은 온도, 세로축은 부피를 나타내지.

> ★ 켈빈온도
> (절대온도)
> 물질의 특성에 의존하지 않는 절대적인 온도를 가리킨다. 1848년 켈빈이 도입하였으며, 단위로 K를 쓴다.

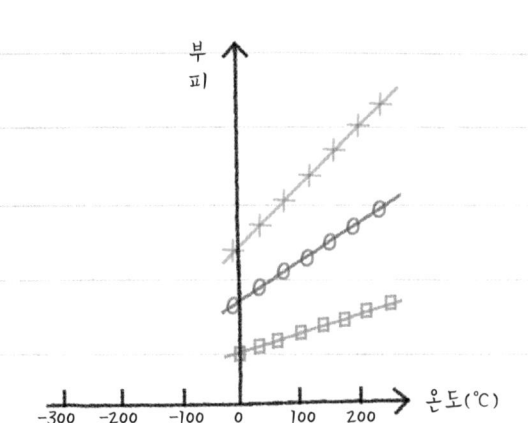

이 그래프를 계속 연장시켜 나가면 어느 한 점에서 모든 기체의 부피가 0이 되는데, 그 온도가 바로 영하 273.15℃야."

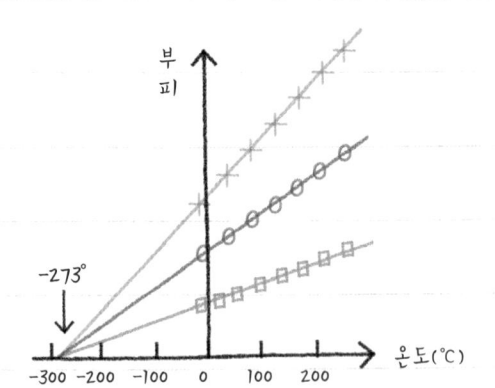

기체를 냉각하면 그 종류와 관계없이
-273.15℃에서 부피가 0이 될 것이 예상된다.

잃어버린 단위로 크기를 구하라!

"부피가 0이 된다는 건 기체가 없어져 버리는 거 아닌가요?"

해듬이가 물었다.

"실제로 기체의 온도를 영하 273.15℃까지 낮추는 건 불가능하단다. 그 전에 액체나 고체로 응축되어 버릴 테니 말이다. 그래서 과학자들은 이론적으로 분자의 열운동과 ★ 열에너지로 그것을 설명했단다."

"열운동이요?"

생소한 단어가 나오자 해듬이는 고개를 갸우뚱했다.

"그래. 모든 물체는 우리 눈에 보이지 않을 정도로 작은 '분자'라는 것으로 이루어져 있고, 분자는 끊임없이 운동을 하는데, 이것을 열운동이라고 한단다. 열운동을 통해 물체는 에너지와 온도를 갖게 돼. 그런데 이 운동을 멈춰 버리면 물체가 가진 에너지는 0이 되는데, 이때의 온도가 영하 273.15℃라고 추측이 가능하다는 것이지."

"그럼 영하 273.15℃보다 더 낮은 온도는 없다는 건가요?"

오필이가 질문했다.

"그렇지. 켈빈(William Thomson Kelvin ; 1824~1907)은 이것을 기준으로 '절대온도'라는 새로운 온도 단위를 만들었단다. 영하 273.15℃를 0K다고 했시. 온도의 눈금 간격은 섭씨온도와 동일하기

167

때문에 섭씨온도에 +273.15를 하면 절대온도가 된단다."

"그럼 물이 어는 온도 0℃는 273.15K이고, 물이 끓는 온도 100℃는 373.15K이군요."

"하하. 1℃는 274.15K이고!"

해듬이의 대답에 오필이가 이어 크게 웃으며 대답했다.

"자, 이제 궁금한 것은 다 물어봤니?"

"아, 네. 감사합니다. 할아버지."

해듬이와 오필이는 실험실에서 나왔다.

"섭씨온도 1℃는 화씨온도로는 33.8℉이고, 절대온도로는 274.15K."

해듬이가 말했다.

"그리고 ③의 설명처럼 온도가 자꾸자꾸 내려가다 보면 영하 273.15℃에서 멈춰! 더 이상 내려가지 못하는 끝점이 있는 거지."

오필이가 말했다.

"그러니까 정답은 아마도⋯⋯."

해듬이의 주머니에서 나온 클리욘의 말에 셋은 동시에 소리쳤다.

"온도!"

셋은 만세를 불렀다.

"그럼 마법 종이에 어서 온도라고 쓰자."

오필이가 기쁨에 들떠 제안했다.

잃어버린 단위로 크기를 구하라!

"아직은 아니야. 나도 물론 온도가 정답이라고 생각해. 하지만 ③에서 말하는 우주의 탄생이 온도와 어떤 연관이 있는지 확인하지 못했잖아."

해듬이가 걱정스럽게 말했다.

"잠시만, 기다려 봐."

클리욘은 가방에서 낡은 책 한 권을 꺼내더니 읽기 시작했다.

"150억 년 전, 우주는 우리가 상상할 수 없을 정도로 높은 온도와 높은 밀도를 지닌 한 점에서 출발한다."

"클리욘, 뭐하는 거야?"

오필이가 물었다.

"위니테 별에서 가지고 온 우주의 탄생에 관한 책인데, 여기 ★ 빅뱅 이론에 이런 내용이 있어."

클리욘은 다시 책의 내용을 빠르게 읽어 내려갔다.

"이 점은 짧은 순간, 대폭발을 하며 빠른 속도로 어마어마하게 커지기 시작했고 온도

> ★ **빅뱅 이론**
>
> 우주가 태초의 대폭발로 시작되었다는 팽창 우주론으로, 허블의 법칙을 기초로 제안되었다. 시간을 되돌려 보면 은하의 거리가 점차 가까워지며, 결국 처음에는 우주가 한 점에서 시작했을 것이라는 이론이다.

는 점차 낮아졌다. 처음 우주의 공간 안에는 아무것도 없고 빛만 있었다. 지금 우리가 알고 있는 물질들이 존재할 수 없는 아주 뜨거운 온도였기 때문이다. 하지만 온도가 낮아지면서 점차 핵,

분자, 원자 등이 생겨났고, 약 10억 년이 지난 후에야 중력에 의해 은하, 별, 행성 등이 만들어지기 시작했다. 이것이 우주의 탄생이다."

"우주의 탄생. 뜨거운 온도와 높은 밀도로 이루어진 한 점. 대폭발 이후 온도가 점차 낮아진다? 아! 그러니까 ③의 의미는 우주가 시작했던 한 점의 온도. 그건 우리가 상상할 수조차 없을 정도로 뜨거운, 최고온의 상태였다는 걸 의미하는 거구나!"

클리욘의 설명을 잠자코 듣고 있던 해듬이가 말했다.

"오, 놀라운데?"

오필이가 입을 쩍 벌렸다.

"그럼 이제 마지막 문제의 정답이 '온도'라는 게 확실해졌어."

클리욘의 말에 셋은 얼굴이 환해졌다.

마법 종이에 정답을 쓰자, 종이는 반짝반짝 빛이 났다.

"자, 그럼 위니테 별의 단위가 다 돌아온 건가?"

해듬이가 클리욘에게 물었다.

"아마도 그럴 거야. 어서 집에 가서 무전을 해 보자."

클리욘이 상기된 얼굴로 대답했다.

"아휴, 벌써 시간이 이렇게 됐네. 오후에 작은엄마 밭일을 도와드리기로 해서 난 이만 가 봐야 할 것 같아. 위니테 별에 단위가 돌아왔는지 확인해 보고 꼭 연락해 줘."

잃어버린 단위로 크기를 구하라!

오필이는 아쉬운 표정으로 뒤돌아섰다.

해듬이와 클리욘은 떨리는 마음을 달래며 집으로 향했다.

 **퀴즈 7**

해듬이는 미국의 날씨를 나타내는 일기예보에서 92°F라고 적혀 있는 것을 보았습니다. 매우 덥다는 건 알겠는데, 과연 섭씨로 얼마나 되는지 궁금합니다. 종이와 연필 없이 섭씨온도로 대략 몇 도쯤 되는지 어림할 수 있는 좋은 방법이 없을까요?

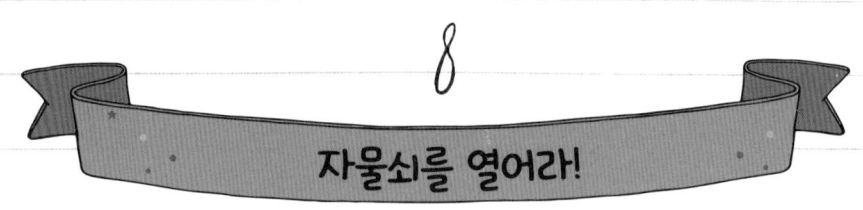

8

자물쇠를 열어라!

집에 돌아오니 할머니는 청소를 하고 있었다.

"다녀왔습니다."

마지막 문제를 풀고서 할머니를 보니, 해듬이는 불현듯 어젯밤 일이 생각났다.

"참! 할머니, 그때 아빠가 보내신 엽서를 왜 숨기라고 하신 거예요?"

"아, 그건······."

할머니의 표정이 굳어지더니 해듬이를 방으로 불렀다. 그리고 서랍에서 낡은 앨범을 꺼내 보여 주었다. 사진 속의 주인공은 흰 가운을 입고 커다란 안경을 쓴 남자였다. 남자는 깡마른 몸이었지만, 그의 눈은 예리하게 반짝이고 입가에는 따뜻하고 자신감 있는 미소가

잃어버린 단위로 크기를 구하라!

넘쳐흘렀다.

"할머니, 이 분은 누구세요?"

"할아버지의 젊은 시절이란다. 국내에 몇 안 되는 로봇 연구가로 활동을 하실 때였지. 연구에 매진하면서도 인정이 많은 분이어서 주변의 신뢰가 두터웠단다."

할머니는 아련한 듯 할아버지의 젊은 시절을 떠올리며 이야기를 이어 나갔다.

"그러던 어느 날, 네 할아버지에게 화산 ⭐ 탐사 로봇을 개발해 달라는 의뢰가 들어왔어."

"화산 탐사 로봇이요?"

"그래. 땅 속에 있는 마그마가 분출하여 만들어진 화산. 화산에서 흘러나오는 마그마의 표면 온도는 무려 $1300\,^{\circ}\mathrm{C}$나 된다지. 이런 위험한 곳은 사람이 직접 가서 연구를 하는 건 불가능해. 그래서 그 일을 대신해 줄 수 있는 로봇이 필요한 거란다."

> ### ⭐ 탐사 로봇
> 우주, 화산, 깊은 바다와 같이 인간이 직접 가기 힘든 곳을 탐험하기 위해 개발된 로봇이다. 로봇 과학이 발달하면서 미래에는 혈관 탐사 로봇도 개발될 것이라고 한다.

"뜨거운 온도를 잘 견디는 로봇을 만들어야 했겠네요."

해듬이가 대답했다.

"그렇지. 할아버지는 몇 년에 걸쳐 의뢰받은 로봇에 대한 연구를 계속했고, 드디어 실험용 로봇을 완성했단다. 혹시나 작동이 잘 되지 않아 화산이 폭발하는 곳에서 로봇을 잃어버리면 비싼 부품들을 무두 잃게 되니까, 미리 비슷한 상황을 만들어 실험하는 것이었어."

"실험 결과는 어땠어요? 작동에 성공했어요?"

해듬이는 뒷이야기가 몹시 궁금해서 자기도 모르게 재촉했다.

할머니는 씁쓸하게 고개를 가로저었다.

"안타깝게도 로봇은 실험 중에 터져 버렸어. 알고 보니 로봇에 들어간 작은 부품 하나가 녹아내린 탓이었다더구나. 그것은 외국에서 수입되어 온 것이었는데, 제품 설명서에 1500°F에서도 견딜 수 있다고 씌어 있는 것을 1500℃로 착각해서 생긴 일이었어. 그 사고로 실험실은 엉망이 되고 많은 사람들이 다쳤지. 할아버지의 흉터도 그때 생긴 것이란다."

할머니 눈에는 눈물이 그렁그렁했다.

"작은 실수가 큰 사고를 만들었군요."

해듬이는 이야기만 들어도 소름이 돋았다.

"그래. 할아버지는 그 일로 자신감을 잃고 오랜 시간 죄책감에 시달리셨단다. 그리고 아주 예민한 성격으로 변하셨지. 어제 네게 엽서를 숨기라고 한 건, 화씨로 표기된 온도를 보고 할아버지가 과거의 기억을 떠올리실까 봐 걱정이 되어 그랬던 거야."

해듬이는 깜짝 놀랐다.

잃어버린 단위로 크기를 구하라!

'이런! 그것도 모르고 내가 할아버지에게 화씨온도에 관한 질문을 해 버렸잖아……'

그때 바깥에서 누군가의 인기척이 들렸다.

"할머니, 저 왔어요. 서연 엄마예요."

"저런, 서연 엄마하고 나물 다듬기로 한 걸 내가 깜빡했네."

할머니는 얼른 눈물을 닦았다. 해듬이는 손님에게 인사를 하고 방으로 올라갔다.

"클리욘, 어쩌지? 할아버지께 실수를 해 버렸네."

해듬이는 마음이 무거웠다.

"그러게. 하지만 할아버지가 네 질문에 자세히 설명해 주신 걸 보면 이제 그 일에 대해 괜찮아지신 게 아닐까?"

클리욘의 말에 해듬이도 나쁘지 않은 상황으로 생각하려고 노력했다.

"우선은 위니테 별에 무전부터 하자."

클리욘은 해듬이의 말이 끝나기 무섭게 무전을 시도했다. 마법 종이의 문제를 모두 해결한 클리욘의 얼굴은 기쁨이 넘쳐흘러야 할 텐데, 한참 무전을 하던 그의 얼굴은 오히려 심각해졌다.

"클리욘. 무슨…… 일이야?"

해듬이가 소심스럽게 물었다.

175

"마녀가 위니테 별의 단위가 담긴 상자를 돌려주긴 했는데, 그 상자가 6개의 자물쇠로 잠겨 있대. 마녀는 상자와 함께 6개의 열쇠를 함께 줬는데, 각각의 자물쇠와 짝을 이루는 열쇠를 찾아 6개를 동시에 따야만 상자가 열릴 거라고 했대. 그런데 어느 열쇠가 어떤 자물쇠를 열 수 있는지 도통 알 수가 없어."

"이런, 마녀가 또 심술을 부린 거구나."

"더 큰 문제는 이 상자를 5시간 이내에 열지 못하면 어떤 방법으로도 상자를 열 수 없다는 거야. 정답을 확인하고 무전을 하는 사이, 벌써 1시간이 훌쩍 지나 버렸고……."

클리욘이 울먹이며 말했다.

"클리욘, 울지 마. 내가 도와줄게. 이제까지 우리 잘해 왔잖아."

해듬이 역시 예상치 못했던 상황이라 당황스러웠지만 이럴수록 침착해야 한다는 걸 알고 있었다.

"자물쇠나 열쇠에 힌트가 될 만한 무언가가 없을까?"

"자물쇠에는 알파벳이 씌어 있대. 그리고 열쇠에는 숫자가 씌어 있고. 이렇게 말이야."

여전히 울먹이고 있는 클리욘을 위해 해듬이는 어떻게든 답을 찾으려 애를 썼지만, 자물쇠와 열쇠의 짝을 찾는 것은 어려운 암호 해독에 가까웠다.

"이제 3시간밖에 남지 않았어. 어떡해!"

잃어버린 단위로 크기를 구하라!

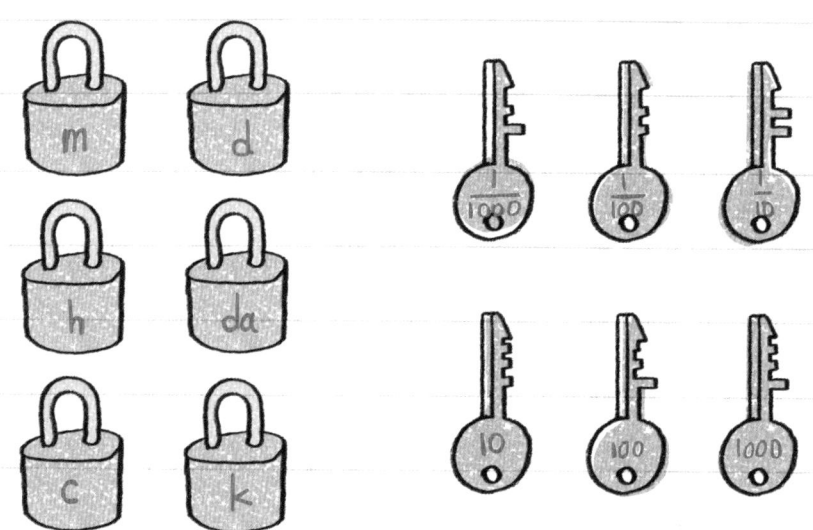

클리욘의 얼굴은 이제 거의 노랗게 변했다.

"클리욘, 솔직히 나도 자물쇠와 열쇠의 짝을 단번에 찾지는 못하겠어. 그런데 마법 종이의 문제들처럼 이 알파벳 역시 단위에 관한 것이라면, 'm'은 길이 단위인 미터일 거야."

"하지만 d, h, da, c라는 단위는 없잖아. 절대온도 K도 소문자 k가 아니라 대문자 K로 나타내고 말이야."

"흠……."

클리욘의 말에 해듬이는 다시 고민에 빠졌다.

그때 할머니가 아래층에서 해듬이를 부르는 소리가 들렸다.

"네, 할머니. 저 가요. 클리욘, 나 잠깐 내려갔다 올게."

해듬이가 1층으로 내려가 보니 할아버지가 평소보다 일찍 와 있었다.

"아휴, 내가 나물 다듬은 손으로 할아버지 시중을 들 수가 없구나. 해듬이 네가 할아버지 물 좀 가져다 드리겠니?"

해듬이는 주방에서 물을 떠 할아버지의 서재로 갔다. 서재에서 책을 보고 있는 할아버지를 보자, 몇 시간 전 할머니가 얘기했던 할아버지의 사고 이야기가 떠올랐다. 해듬이는 할아버지의 표정부터 살폈다. 낮에 실험실에서 자신이 했던 '화씨온도'에 관한 질문이 할아버지의 마음을 상하게 한 건 아닌지 걱정되었기 때문이다.

"할아버지. 일, 일찍 오셨네요. 여기 물이에요."

할아버지는 조금 피곤해 보였다.

"저기…… 할아버지. 드릴 말씀이…… 있어요."

할아버지는 해듬이를 바라보았다.

"음……. 낮에 제 질문이 할아버지 마음을 불편하게 만들었다면 죄송해요."

할아버지는 약간 놀란 듯했다.

"아까 실험실에 다녀와서 우연히 그날의 사고에 대해서 알게 됐어요. 미리 알았다면 할아버지께 그런 질문을 하지 않았을 거예요……."

잃어버린 단위로 크기를 구하라!

서재에는 침묵이 흘렀다.

"그래. 그 사고는 단위를 꼼꼼하게 확인하지 않은 내 탓이 가장 컸단다."

침묵을 깬 할아버지의 말씀이 '괜찮다'가 아니라 스스로를 탓하는 말이라 해듬이는 자신의 죄가 더욱 커진 것 같은 느낌을 받았다.

"하지만 내 실수로 사람들이 미터법에 따르는 '국제단위계'를 써야 할 필요성을 실감하게 되었다면 그 나름대로 의미 있는 일이 아니겠니? 괜찮다. 이미 다 지난 일이야."

해듬이는 고개를 들어 할아버지를 바라보았다. 할아버지는 해듬이의 어깨를 짚고 눈을 똑바로 바라보았다.

"그리고 해듬아. 할아버지 걱정을 해 줘서 고맙다."

할아버지는 화상 흉터가 있는 얼굴로 미소를 지어 보였다. 해듬이는 사고로 많은 것을 잃어버렸지만, 오랜 시간 끝에 그것을 극복해 내고 있는 할아버지가 대단해 보였다. 그리고 할아버지의 말에 무언가 보답을 하고 싶었다.

"할아버지. 할아버지는 나이가 들도록 과학에 대한 열정을 잃지 않는 훌륭한 과학자세요. 그리고 화상 흉터가 있으셔도 저에게는 멋진 할아버지이시고요."

해듬이는 처음으로 먼저 할아버지를 꼭 안아드렸다.

할아버지 서재에서 나온 해듬이는 기분이 묘했다. 하지만 곧 클리욘이 떠올라 서둘러 2층으로 올라갔다.

"해듬, 왜 이렇게 늦었니?"

"아, 미, 미안. 할아버지가……."

그때 할아버지의 말이 떠올랐다.

'내 실수로 사람들이 미터법에 따르는 국제단위계를 써야 할 필요성을 실감하게 되었다면…….'

해듬이의 머릿속에 무언가가 스쳤다.

잃어버린 단위로 크기를 구하라!

"미터법? 국제단위계?"

"무슨 소리야. 이제 2시간밖에 안 남았어! 빨리 문제를 풀어야 한다고!"

클리욘이 소리쳤다.

"좀전에 할아버지가 미터법에 따르는 국제단위계를 써야 한다고 하셨어. 미터법이 뭔지 알아봐야겠어. 분명 문제를 푸는 힌트가 될 거야."

해듬이는 컴퓨터를 켜고 인터넷 검색창에 '미터법'이라고 쳤다.

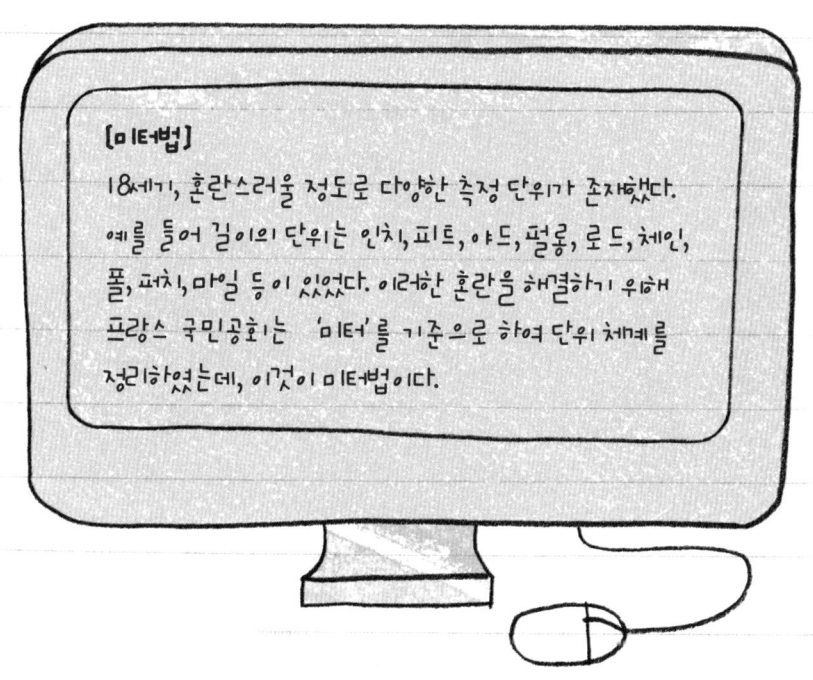

[미터법]

18세기, 혼란스러울 정도로 다양한 측정 단위가 존재했다. 예를 들어 길이의 단위는 인치, 피트, 야드, 펄롱, 로드, 체인, 폴, 퍼치, 마일 등이 있었다. 이러한 혼란을 해결하기 위해 프랑스 국민공회는 '미터'를 기준으로 하여 단위 체계를 정리하였는데, 이것이 미터법이다.

"위니테 별에서 손 한 뼘의 길이가 다 달라 사람들의 키를 재기 힘들었던 것처럼 지구도 예전엔 사람들이 사용하는 단위가 너무 많아서 혼란스러웠던 거구나. 계속 읽어 봐."

해듬이가 읽어 주는 내용을 듣던 클리욘이 말했다.

"1791년 지구의 북극과 적도 사이 거리의 1000만분의 1을 길이의 단위 1m로 정했던 거야. 각 모서리의 길이가 $\frac{1}{10}$m인 정육면체와 같은 부피의 4℃ 물의 질량을 1kg, 그 공간의 크기를 1L로 하고 말이야."

"그래서 지구인들이 공통적으로 m, kg, L라는 단위를 쓰게 되었구나!"

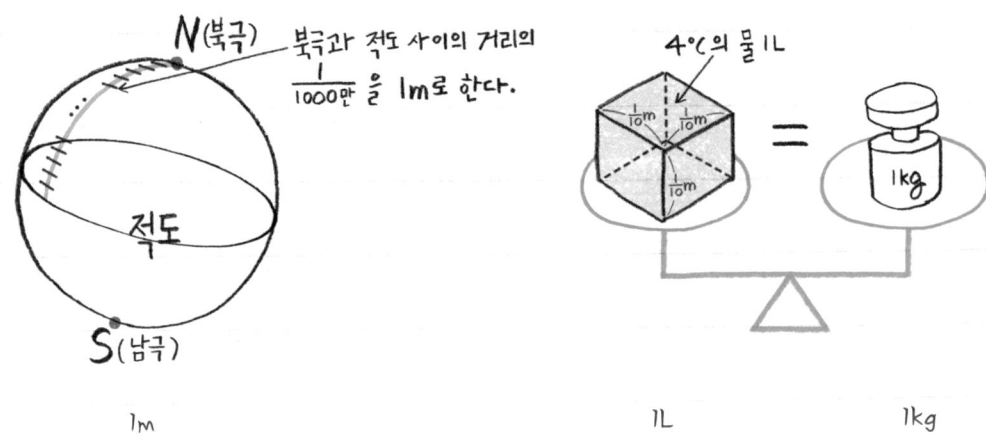

미터법의 단위

잃어버린 단위로 크기를 구하라!

클리욘이 말했다.

"하지만 처음에는 사람들이 미터법을 잘 쓰지 않았고, 프랑스에서는 결국 강제로 쓰도록 했대. 그리고 여러 나라들과 미터법을 쓰자는 미터 조약을 맺고. 국제 도량형 총회에서는 더 정확하게 단위를 정하기 위해 1m를 진공에서 빛이 $\dfrac{1}{299,792,458}$초 동안 진행한 거리로 바꾸는 등 여러 노력을 해오고 있대. 그 결과 세계 각국에서 대부분 이 미터법의 사용을 법으로 정해서 따르고 있고."

해듬이는 검색한 내용을 정리해서 클리욘에게 설명해 주었다.

"그렇구나. 그럼 해듬이 네 말은 이 자물쇠에 씌어 있는 알파벳이 미터법에 있는 단위들이라는 이야기지?"

클리욘이 물었다.

"아마도. 길이의 단위인 mm, cm, m, km에 들어가는 몇 가지 알파벳이 자물쇠에서도 보이니까 말이야."

해듬이는 자물쇠 그림에서 m, c, k에 동그라미를 했다.

"그럼 d, h, da는 무엇을 뜻한다고 생각해? 그리고 열쇠의 숫자들과는 어떤 관련이 있고?"

"글쎄. 할아버지께서는 국제단위계가 미터법에 따른다고 하셨어. 국제단위계에 대해 조금 더 조사해 보면 알 수 있지 않을까?"

해듬이는 컴퓨터의 검색창에 '국제단위계'라고 쓰고 검색 버튼을 눌렀다.

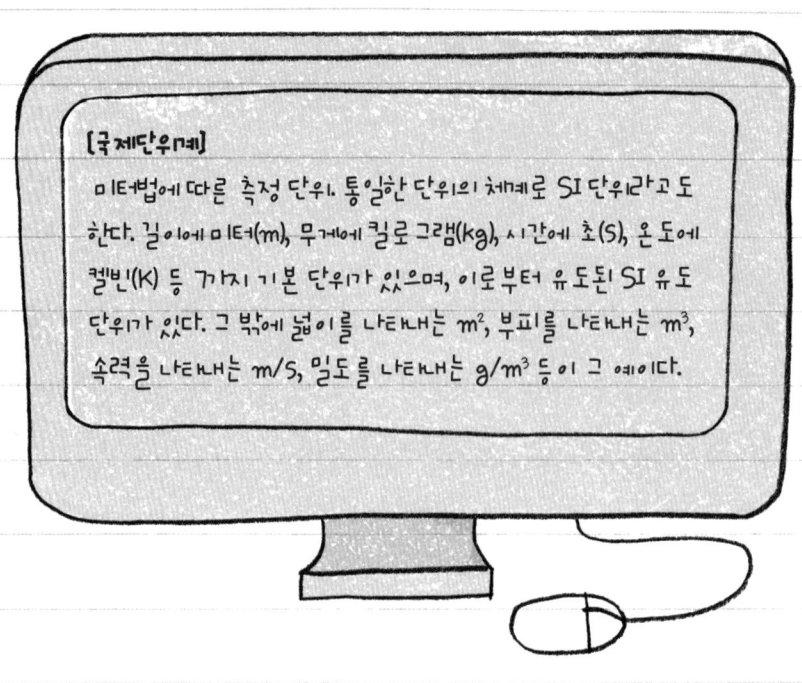

[국제단위계]

미터법에 따른 측정 단위. 통일한 단위의 체계로 SI 단위라고도 한다. 길이에 미터(m), 무게에 킬로그램(kg), 시간에 초(S), 온도에 켈빈(K) 등 7가지 기본 단위가 있으며, 이로부터 유도된 SI 유도 단위가 있다. 그 밖에 넓이를 나타내는 m², 부피를 나타내는 m³, 속력을 나타내는 m/S, 밀도를 나타내는 g/m³ 등이 그 예이다.

"그 밖에 SI 유도단위에는 다음과 같은 것들이 있대."

특수 명칭과 기호를 가지는 SI 유도단위

물리량	명칭	기호	물리량	명칭	기호
주파수, 진동수	헤르츠	Hz	일, 열량	줄	J
힘	뉴턴	N	온도	섭씨도, 도	℃
압력	파스칼	Pa	방사능	베크렐	Bq

"우리가 아는 '초'는 영어로 'second'라서 기호가 s인가 본데? 할아버지께 설명을 들었던 절대온도 K도 있어. 유도단위에는 섭씨온도

잃어버린 단위로 크기를 구하라!

℃가 있고. 어라? 그런데 우리가 아는 들이의 단위 L는 빠져 있네!"

"아마 부피나 들이 모두 공간이 차지하는 양을 나타낸다는 점에서 L라는 단위를 ㎥로 바꾸어 써도 된다는 생각인 것 같아."

시계를 보던 클리온이 소리쳤다.

"이런, 해듬! 이제 1시간밖에 남지 않았어!"

해듬이 역시 촉박한 시간에 쫓기는 상황이라 심장이 마구 뛰었지만, 침착하게 다음 화면을 읽어 내려갔다.

"SI 단위 앞에는 SI 접두어를 붙여 각 단위의 양의 크기를 쉽게 나타낼 수 있다?"

화면에는 SI 접두어라는 제목의 표가 정리되어 있었다.

SI 접두어

명칭	기호	×	명칭	기호	×
테라(tera)	T	10^{12}	데시(deci)	d	10^{-1}
기가(giga)	G	10^{9}	센티(c)	c	10^{-2}
메가(mega)	M	10^{6}	밀리(milli)	m	10^{-3}
킬로(kilo)	k	10^{3}	마이크로(micro)	μ	10^{-6}
헥토(hecto)	h	10^{2}	나노(nano)	n	10^{-9}
데카(deca)	da	10^{1}	피코(pico)	P	10^{-12}

"아! mm에서 앞에 붙어 있는 m(milli), cm에서 앞에 붙어 있는 c(centi) 등이 SI 접두어였어. 마이크로미터(μm), 나노미터(nm)라고 부르는 아주 작은 단위도 들어 본 적이 있어."

해듬이가 무릎을 탁 쳤다.

"그러고 보니 SI 접두어의 기호 중에 몇 가지가 자물쇠의 알파벳과 일치해. m은 밀리(milli), d는 데시(deci), h는 헥토(hecto), da는 데카(deca), c는 센티(centi), k는 킬로(kilo). 그래, 자물쇠에 쓰인 알파벳은 SI 접두어의 기호였던 거야!"

위니테 별과의 무전 이후, 클리욘의 얼굴이 처음으로 밝아졌다.

"자, 그럼 이제 SI 접두어와 열쇠에 적힌 숫자들이 어떤 관련이 있는지만 알아내면 되겠구나! 클리욘, 시간이 얼마나 남았지?"

"30분!"

해듬이는 머리를 굴려 생각하고 또 생각했다. 그때, SI 접두어의 표를 자세히 들여다보니 SI 기본 단위인 m와 mm의 관계, cm의 관계, km의 관계가 보이기 시작했다.

"이걸 봐. SI 접두어 표, milli 옆에 씌어 있는 10^{-3}은 $\frac{1}{10}$이 3개라는 걸 의미하는 거야. centi 옆에 씌어 있는 10^{-2}은 $\frac{1}{10}$이 2개, kilo 옆에 씌어 있는 10^{3}은 10이 3개라는 걸 의미하는 거지."

"10의 오른쪽 위에 적힌 숫자에 −가 적혀 있으면 $\frac{1}{10}$의 몇 배가

잃어버린 단위로 크기를 구하라!

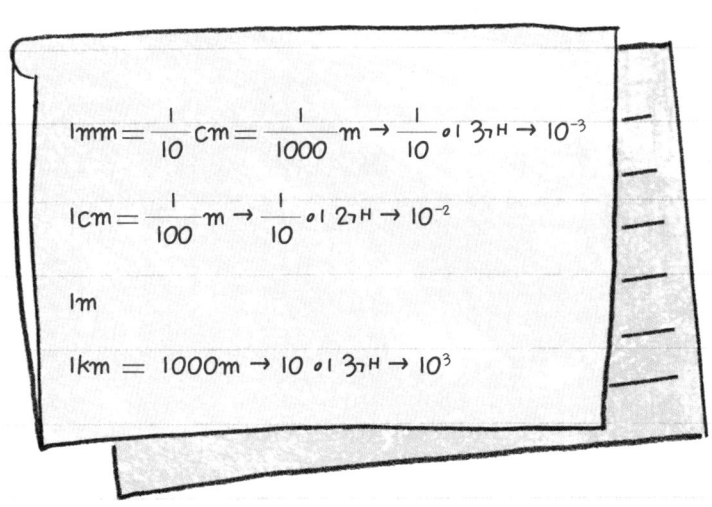

$$1mm = \frac{1}{10} cm = \frac{1}{1000} m \rightarrow \frac{1}{10} \text{이 } 3\text{개} \rightarrow 10^{-3}$$

$$1cm = \frac{1}{100} m \rightarrow \frac{1}{10} \text{이 } 2\text{개} \rightarrow 10^{-2}$$

$$1m$$

$$1km = 1000m \rightarrow 10 \text{이 } 3\text{개} \rightarrow 10^{3}$$

되는 거구나!"

클리욘이 대답했다.

"이런 관계는 g에서도 나타나. 1kg＝1000g. 그러니까 1000은 10^3이고, 1mg＝$\frac{1}{1000}$g이니까 $\frac{1}{10}$이 3개야."

해듬이의 말은 점점 정답을 향해 갔다.

"그러니까 자물쇠에서 milli를 뜻하는 m은 10^{-3}이니까 $\frac{1}{1000}$이라고 쓰인 열쇠와 짝이고, deci를 뜻하는 d는 10-1이니까 $\frac{1}{10}$이라고 쓰인 열쇠와 짝이라는 거야."

"으악! 이제 시간이 3분밖에 남지 않았어!"

"hecto를 뜻하는 h는 10^1, 10^2은 100. deca를 뜻하는 da는 10^1

10^1은 10. centi를 뜻하는 c는 10^{-2}, 10^{-2}은 $\frac{1}{100}$. kilo를 뜻하는 k는 10^3, 10^3은 1000. 됐어!"

1분의 시간을 남겨 놓고 클리욘은 서둘러 위니테 별로 무전을 했다. 정답을 전하고 그 결과를 듣기까지 기다리는 1분은 정말 짧고도 긴 시간이었다.

그때 무전을 하던 클리욘이 번쩍 하더니 갑자기 픽하고 쓰러졌다.

"클리욘! 클리욘!"

해듬이는 깜짝 놀라 클리욘을 흔들어 깨웠다.

잠시 후에 클리욘은 눈을 뜨더니 겨우 정신을 차렸다.

"클리욘, 괜찮니?"

"응. 해듬! 이제 다 생각났어. 위니테 별의 단위가! 네가 알려 준 정답으로 상자를 열었나 봐!"

✦ 퀴즈 8

원래는 16가지이던 SI 접두어가 1991년 파리에서 열린 국제 도량형 총회에서 젭토(zepto), 욕토(yocto), 제타(zetta), 요타(yotta)의 4가지를 추가하도록 결정하여 모두 20가지가 되었습니다. SI 접두어를 늘린 까닭은 무엇일까요?

잃어버린 단위로 크기를 구하라!

에필로그

클리욘과의 이별, 그리고 새로운 만남

두 사람이 기쁨의 감격을 나누고 있을 때, 해듬이에게 전화가 한 통 왔다.

해듬이에게 전화를 건 사람은 오필이었다.

"그래서 마지막 문제의 정답은 온도가 맞았니?"

"그래. 그런데 마녀가 위니테 별의 단위를 6개의 자물쇠로 잠근 상자에 넣어 주는 바람에 그걸 푸느라 엄청 고생했어."

"날 부르지 그랬니. 그랬다면 내가 쉽게 해결해 줬을 텐데……."

"으이그, 이 허풍쟁이. 하하하."

둘은 즐겁게 통화를 마치고 해듬이는 자신의 방으로 돌아왔다.

"해듬. 그동안 정말 고마웠어. 위니테 별의 문제를 해결해 주고,

또 나를 잘 보살펴 줘서."

클리욘은 그 사이 짐을 싸고 위니테 별로 돌아갈 준비를 하고 있었다.

"이제 너희 별로 돌아가는 거야?"

"지구에 와서 목적을 달성했으니 이제 돌아가야지. 사실 함부로 다른 외계의 사람을 만나는 건 금지된 일이잖니."

해듬이는 문득 클리욘을 처음 만났던 날이 생각났다.

"게다가 위니테 별에서 모두들 내가 어서 돌아오기를 기다리고 있대. 축하 파티라도 해 주려나 봐. 하하."

"그래, 잘 됐다."

해듬이는 축하를 해 주면서도 막상 클리욘과 헤어지려니 서운한 마음이 들었다.

> ⭐ **광년**
> 빛이 진공 속에서 1년 동안 진행한 거리로, 주로 별들의 거리를 나타낼 때 사용하는 단위이다.

"아, 위니테 별의 단위를 찾고서 기억해 낸 사실인데, 지구와 위니테 별은 3만 ⭐ 광년 떨어져 있어. 나중에 지구에서 우리 별까지 올 수 있는 우주선이 발명된다면 그때 나를 보러 꼭 와 주길 바라. 잘 있어, 해듬아."

"클리욘, 잘 가."

클리욘을 보내고 해듬이는 허전한 마음을 감출 수 없어, 한동안 창밖의 밤하늘을 바라보았다. 그때 해듬이의 눈에 유난히 반짝이는

잃어버린 단위로 크기를 구하라!

별이 보였다. 해듬이는 생각에 잠겼다.

'저 별이 만약 3만 광년 떨어진 위니테 별이라면 반짝이는 저 빛은 빛의 속도로 3만 년을 달려와 이곳에 닿았겠군. 지금 내가 3만 광년 떨어진 별을 보고 있다면, 결국엔 내가 저 별의 3만 년 전의 모습을 보고 있다는 이야기인가?'

해듬이는 광활한 공간의 우주가 만들어 내는 거리와 시간이 신비롭다는 생각이 들었다.

클리욘이 돌아간 다음날부터 해듬이는 아주 평범한 일상으로 돌아와 할아버지의 점심 심부름을 계속했고, 밀린 일기와 방학 숙제를 하느라 바빴다. 가끔 오필이를 만나 수다를 떨거나 물수제비 뜨는 방법을 배우기도 했다.

그리고 개학을 이틀 앞둔 날 아침, 오필이와 함께 마당에서 닭 모이를 주고 있는데 익숙한 목소리가 들렸다.

"해듬아! 엄마 왔어!"

"어? 엄마!"

해듬이는 엄마에게 달려가 와락 안겼다.

"우리 아들 잘 있었니?"

아빠가 뒤따라 들어왔다.

"안 보던 사이 부쩍 컸구나. 잘 지냈어? 할아버지, 할머니 말씀

잘 듣고?"

엄마는 해듬이의 볼에 뽀뽀를 하며 이것저것 물어보았다.

"엄마, 그만, 그만이요. 제가 어린애도 아니고……."

해듬이가 오필이를 의식하고는 부끄러운 듯 엄마를 밀쳐 냈다.

"히히. 전 잘 지냈어요. 할아버지 점심 심부름을 하면서 할아버지
와도 많이 가까워지고, 시골에서 새 친구도 사귀었어요."

해듬이가 오필이를 가리키며 말했다.

"안녕하세요, 박오필이에요."

잃어버린 단위로 크기를 구하라!

"그래, 반갑구나."

엄마가 미소를 지으며 인사했다.

"해듬이가 새 친구도 사귀고 잘 지냈다니 정말 다행이네. 아빠는 네가 외로워할까 봐 걱정을 많이 했거든."

"외롭지 않았어요. 항상 제 옆에 클, 앗!"

해듬이는 여름방학 이야기에서 사실 클리욘에 관한 것을 빼놓을 수가 없지만, 자신의 존재를 밝혀서는 안 된다는 클리욘과의 약속 때문에 재빨리 화제를 돌렸다.

"아, 아니. 그러니까……. 항상 제 옆에 방학 숙제가 산더미처럼 쌓여 있어서 외로울 틈이 없었단 뜻이에요. 결국엔 일기가 조금 밀리긴 했지만요. 헤헤."

"괜찮아. 대신 우리 아들이 방학 동안 다른 것들을 많이 배웠을 것 같은데?"

평소 같으면 일기가 밀렸다는 말에 엄마가 꾸중을 하셨을 텐데, 엄마의 대답은 마치 무언가를 알고 있는 듯한 느낌이었다.

"너희들 왔구나!"

곧이어 할아버지, 할머니도 반가운 얼굴로 엄마를 맞이했다.

"아버님, 어머님. 우리 해듬이를 보살펴 주시느라 고생 많으셨어요. 감사합니다."

엄마는 미국에서 사 온 멋진 펜과 모자를 할아버지, 할머니께 드렸다.

"제 선물은 없어요?"

해듬이가 아빠를 보며 물었다.

"우리 해듬이 선물은 아주 특별한 것을 가져왔지."

아빠가 작은 상자 하나를 해듬이에게 내밀었다.

"이게 뭐예요?"

"열어 보렴."

아빠의 미소에는 왠지 장난기가 서려 있었다.

"이건!!"

상자를 열어 본 해듬이는 깜짝 놀랐다. 옆에 서 있던 오필이도 놀란 건 마찬가지였다.

"그래, 클리욘이야. 사람과 대화를 하는 지능 로봇. 위니테 별에서 온 외계인이라는 설정을 가지고 있지."

해듬이는 어리둥절했다. 그런 해듬이를 아빠, 엄마는 미소를 지으며 바라보았다.

"그럼 제가 만난 클리욘이……."

"그래. 아빠, 엄마가 미국에 가기 전, 널 위해 미리 만들어 놓은 지능 로봇이란다. 이번 여름방학은 특별하게 보내자고 약속했잖니."

클리욘과의 만남은 해듬이의 열세 살 인생에서 가장 신비하고 즐거운 만남이었다. 클리욘은 세상 사람들에게 쉬 알릴 수 없는 비밀

잃어버린 단위로 크기를 구하라!

의 존재였고, 여름방학 기간 동안 외로운 자신의 친구였다. 그런 클리욘이 외계인이 아니라 아빠, 엄마가 계획해 놓은 로봇이었다니! 얼떨떨하고 자신을 깜빡 속게 만든 아빠, 엄마가 짓궂다는 생각도 들었지만, 그래도 해듬이에게는 아주 대단하고 신나는 서프라이즈 선물이었다.

"아들. 클리욘과 함께 한 이번 여름방학이 네게 좀 특별하긴 했니?"

"하하. 그럼요. 덕분에 딘위기 왜 생겨나게 됐는지, 세상에 얼마나 많은 단위가 있는지, 그리고 그 의미가 뭔지에 대해 잘 알게 됐어요. 좋은 친구도 얻었고요."

해듬이가 오필이의 어깨를 툭 치며 말했다. 오필이도 옆에서 생긋 웃어 보였다.

"그리고 꿈이 생겼어요."

"꿈?"

모두가 해듬이의 말에 집중했다.

해듬이는 마당 창고로 가, '1 + 1 = 1'이라 씌어 있는 나무 벽걸이를 가지고 와서는 할아버지에게 내밀었다. 그리고는 할아버지의 손을 꼭 잡으며 말했다.

"할아버지처럼 과학을 사랑하고 열정을 지닌 훌륭한 과학자가 되는 거예요."

할아버지는 해듬이를 바라보며 말없이 미소만 지었다.

파란 지붕 집 마당에는 행복한 웃음이 가득했다.

잃어버린 단위로 크기를 구하라!

길이, 들이, 무게를 '도량형'이라 하며, 오늘날은 각각 미터(m), 리터(L), 그램 (g) 등을 단위로 하여 나타냅니다. 이 단위들은 도량형을 세계적으로 표준화하는 과정에서 선택된 단위들입니다. 그런데 이러한 단위들이 정해지지 않았을 때는 어떻게 무게나 길이, 들이를 쟀을까요?

옛날에는 늘 몸에 지니고 있는 우리 신체의 일부를 이용하여 길이를 재고는 했어요. 우리나라에서는 『삼국사기』나 『삼국유사』와 같은 역사서를 통해 삼국시대에 사용된 단위들을 알아볼 수 있어요.

한편 조선시대에는 성종 때의 법전인 『경국대전』 속에 도량형의 단위가 자세하게 설명되어 있는 것을 볼 수 있습니다. 단위의 기본은 '황종관'이라는 악기에서 비롯됩니다.

황종은 조선시대에 사용된 음계인 '십이율'의 기본음이며, 그 기본음을 내는 길이의 관인 황종관을 도구로 하여 길이뿐만 아니라 들이, 무게까지 각 양의 기준을 삼는 방법을 만들었답니다.

길이로 말하면 검은 기장(곡식 낟알의 종류) 100알을 나란히 늘어놓아 그 길이를 '1자'로 잡았답니다. '자'보다 더 작은 단위로 '치'가 있는데, 그것은 기장 10알을 늘어놓았을 때의 길이이니, 1자는 곧 10치가 되는 것이지요. '자'보다 열 배 큰 단위는 '장'이에요.

한편 부피는 검은 기장 1,200알을 황종관에 담아 '1작'이라는 단위를 정하고, 다시 '홉', '되', '말', '곡' 등의 단위를 정하였는데, 10작이 1홉, 10홉이 1되, 10되가 1말, 10말이 1곡이 됩니다.

무게는 황종관에 우물물을 가득 채운 무게를 88로 나누어 '10리'로 삼았습니다. '리' 이외의 단위로 '전', '냥', '근' 등을 사용하였는데, 100리가 1전, 10전이 1냥, 16냥이 1근이 됩니다.

측정과 단위는 정확해야 하는데, 뭔가 엉성해 보이죠? 길이를 정할 때 사용하는 검은 기장이 어떤 크기인가에 따라 1자의 길이에 차이가 많을 것 같아요. 풍년이 든 해에는 크고 튼실한 기장이 나올 테고, 흉년인 해에는 쪼그라든 쭉정이

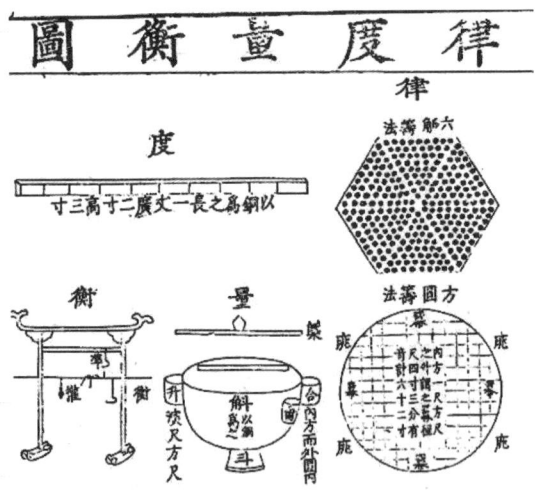

위의 것은 길이를 재는 자, 아래의 오른쪽은 들이를 재는 그릇 형태의 도구, 왼쪽은 무게를 재는 저울이다.

조선시대 수학책 『산학입문』에 나오는 측정 도구

들만 있을 거잖아요.

실제로 우리 조상들도 이에 대해 생각을 했어요. 세종 때의 역사를 담은 『세종실록』에는 당시 최고의 음악가인 박연(1378~1458)이 이에 대해 아뢰고, 기장의 표준을 정해야 할 것을 건의하는 내용이 발견됩니다. 남쪽 지방의 여러 마을에서 기른 기장을 모두 가져와서 세 등급으로 골라 사용하면 도량형의 적합한 기준을 정할 수 있다고 한 것입니다.

도량형, 즉 단위를 정하는 데 악기와 곡식 낟알이 사용되었다는 것이 흥미롭지요?

퀴즈정답

★1장 퀴즈 정답

연필 12자루를 한 묶음으로 하는 단위는 '타' 입니다. 1타는 연필 12자루, 2타는 연필 24자루가 되는 것이지요. 타 외에도 생활 속에서 만나는 단위에는 '축', '접', '톳'과 같은 것이 있습니다. 오징어 세 축, 배추 한 접, 김 네 톳 하는 식이지요. 오징어 한 축은 20마리, 배추 한 접은 100포기, 김 한 톳은 100장입니다.

★2장 퀴즈 정답

mm, cm, m, km와 같은 길이의 단위는 우리 주변의 물체의 크기나 건물의 높이, 거리 등을 표현할 때 유용합니다. '간격이 좁다', '조금만 더 걸어가면 은행이 있다', '색연필이 볼펜보다 조금 더 길다'와 같은 말은 길이를 나타내고 있지만, 얼마나 길거나 짧은지를 정확히 나타내 주지 않습니다. 사람마다 느낌이 다르니까요. 하지만 mm, cm, m, km와 같은 단위를 사용해서 '간격이 10cm쯤 된다', '300m쯤 걸어가면 은행이 있다', '색연필이 볼펜보다 25mm 정도 더 길다'라고 말하면 보다 정확한 의사 전달을 할 수 있습니다.

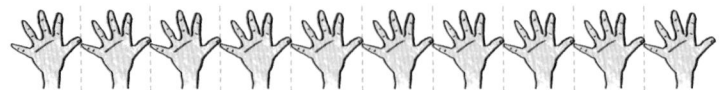

★3장 퀴즈 정답

부피는 어떤 물체가 공간에서 차지하는 크기를 나타냅니다. 만약 가로, 세로, 높이가 1cm인 정육면체가 있다면 이것의 부피는 가로, 세로, 높이의 곱, 즉, $1cm \times 1cm \times 1cm = 1cm^3$ 이지요. 부피의 단위로 주로 쓰이는 것들은 cm^3, m^3 등입니다.

하지만 모든 물체의 부피를 간단히 구할 수 있는 것은 아닙니다. 예를 들어 물의 경우에는 형태가 정해져 있지 않아서 부피를 구하기가 어렵습니다. 이런 경우에 형태가 고정적인 그릇에 옮겨 담아 부피를 측정합니다. 이때 그릇에 물을 가득 담을 수 있는 양, 즉 들이를 표현하는 단위인 mL와 L로 물의 양을 표현할 수 있습니다.

★4장 퀴즈 정답

아프리카코끼리의 질량이 6톤이라는 말은 아프리카코끼리의 몸을 구성하는 모든 물질의 양이 6톤이라는 뜻입니다. 아프리카코끼리가 다이어트를 하거나 살을 찌우지 않는 이상 지구에서나 달에서나 질량 6톤은 변함이 없습니다.

하지만 무게는 측정하는 장소에 따라 변하게 됩니다. 행성이나 위성마다 중력이 다 다르니까요. 무게는 물체에 중력이 작용하는 힘입니다. 지구보다 훨씬 작고 가벼운 달은 지구 중력의 $\frac{1}{6}$에 해당하는 중력을 갖고 있지요. 따라서 지구에 있는 아프리카코끼리의 무게가 6톤·중이었다면 달에서는 그의 $\frac{1}{6}$에 해당하는 1톤·중이 될 것입니다.

★5장 퀴즈 정답

문제에서 나무 조각의 부피는 $3cm \times 3cm \times 3cm = 27cm^3$이고, 질량은 10g입니다. 즉, 나무 조각의 밀도는 $\dfrac{10g}{27cm^3}$ = 약 $0.37g/cm^3$입니다. 물의 경우 $\dfrac{20g}{20mL} = 1g/mL$입니다. 따라서 물의 밀도가 나무 조각의 밀도보다 더 큽니다.

밀도의 단위가 다르다고요? 부피와 들이는 모두 공간을 차지하는 양을 뜻하기 때문에 종종 혼용하여 쓰기도 합니다. 따라서 g/cm^3 는 g/mL와 같은 단위이지요.

★6장 퀴즈 정답

속력 = $\dfrac{\text{이동 거리}}{\text{이동 시간}}$ 이므로 2시간 동안 220km를 달린 자동차의 속력은 $\dfrac{220km}{2시간}$이고, 치타의 속력은 $\dfrac{1800m}{1분}$입니다.

그렇다면 치타가 빠른 것일까요? 아닙니다. 자동차의 속력은 110km/시, 치타의 속력은 1800m/분으로 속력의 단위가 다르기 때문에 수만 가지고 비교할 수 없습니다. 이럴 때는 속력의 단위를 같게 해 주어야 정확한 비교가 가능합니다.

예를 들어 km/시라는 단위로 통일을 해 볼까요? 치타는 1분에 1800m를 달렸으니 1시간(60분)에는 $1800 \times 60 = 108000(m)$, 즉 108km를 달린 셈이지요. 자동차의 속력이 110km/시인 것과 비교하면 치타보다 자동차가 더 빨리 달렸다는 것을 알 수 있습니다.

단위로 크기를 구하라!

★7장 퀴즈 정답

섭씨온도와 화씨온도의 관계는 $°F = \dfrac{9}{5} \times °C + 32$이며, 이 식을 섭씨온도에 대한 식으로 바꾸면, $°C = \dfrac{5}{9} \times (°F - 32)$가 됩니다. 따라서 92°F는 33.3°C입니다.

화씨온도를 보고 섭씨온도를 어림하는 방법에는 여러 가지가 있겠지만, 화씨온도에서 30을 빼고, $\dfrac{1}{2}$을 곱하여 어림할 수 있습니다. 32의 근삿값인 30과 $\dfrac{5}{9}$의 근삿값인 $\dfrac{1}{2}$을 이용한 것이지요.

따라서 화씨온도 92°F는 $(92 - 30) \times \dfrac{1}{2} = 62 \div 2 = 31$, 섭씨온도 31°C로 어림할 수 있습니다.

★8장 퀴즈 정답

현미경, 망원경의 개발은 우리 눈으로 직접 살펴볼 수 없는 아주 작은 것들 혹은 아주 먼 거리에 있는 것을 관찰할 수 있게 했습니다. 이러한 과학의 발달로 물질을 이루고 있는 작은 분자나 원자가 어떻게 구성되어 있는지를 알게 되었고, 알쏭달쏭하기만 했던 우주의 비밀이 하나씩 벗겨지기 시작했습니다. 이런 상황이다 보니 더 작거나 더 큰 것들을 나타낼 단위들이 필요했고, 그에 따라 젭토, 욕토, 제타, 요타 등의 접두어가 생겨난 것입니다.

새로운 수학·과학 교육의 패러다임

"지구는 둥근 모양이야!"라고 말한다면 배운 것을 잘 이야기할 수 있는 학생입니다.

"지구가 둥글다는 것을 어떻게 알게 되었나요?"라고 질문한다면, 그리고 그 답을 스스로 생각해 보고 궁금증에 대한 흥미를 느낀다면 생활 주변에서 배우고 성장할 수 있는 학생입니다.

미래 사회는 감성과 창의성으로 학문의 경계를 넘나드는 융합형 인재를 필요로 합니다. 단순한 지식을 주입하지 않고 '왜?'라고 스스로 묻고 찾아볼 수 있어야 합니다.

미국, 영국, 일본, 핀란드를 비롯해 많은 선진 국가에서 수학과 과학 융합 교육에 힘쓰고 있습니다. 우리나라에서도 창의 융합형 과학 기술 인재 양성을 위해 교육부에서 융합인재교육(STEAM) 정책을 추진하고 있습니다.

융합인재교육(STEAM)은 과학(Science), 기술(Technology), 공학(Engineering), 예술(Arts), 수학(Mathematics)을 실생활에서 자연스럽게 융합하도록 가르칩니다.

〈수학으로 통하는 과학〉 시리즈는 융합인재교육(STEAM) 정책에 맞추어, 수학·과학에 대해 학생들이 흥미를 갖고 능동적으로 참여하며 스스로 문제를 정의하고 해결할 수 있도록 도와주고 있습니다.

스스로 깨치는 교육! 과학에 대한 흥미와 이해를 높여 예술 등 타 분야를 연계하여 공부하고 이를 실생활에서 직접 활용할 수 있도록 하는 것이 진정한 살아 있는 교육일 것입니다.

사진 저작권

99쪽   대저울 국립민속박물관

198쪽   산학입문 블로그 joins.com 고구려의 핵심강역은 산서성

잃어버린 단위로 크기를 구하라!

10 수학으로 통하는 과학

잃어버린 단위로 크기를 구하라!

ⓒ 2015 글 장혜원·김민회
ⓒ 2015 그림 이지후

초판 1쇄 발행일 2015년 10월 19일
초판 4쇄 발행일 2020년 11월 23일

지은이 장혜원, 김민회
그린이 이지후
펴낸이 정은영

펴낸곳 (주)자음과모음
출판등록 2001년 11월 28일 제2001-000259호
주소 04047 서울시 마포구 양화로6길 49
전화 편집부 (02)324-2347, 경영지원부 (02)325-6047
팩스 편집부 (02)324-2348, 경영지원부 (02)2648-1311
이메일 jamoteen@jamobook.com

ISBN 978-89-544-3187-3(44400)
   978-89-544-2826-2(set)